厨房必备锅具

用对锅做好菜

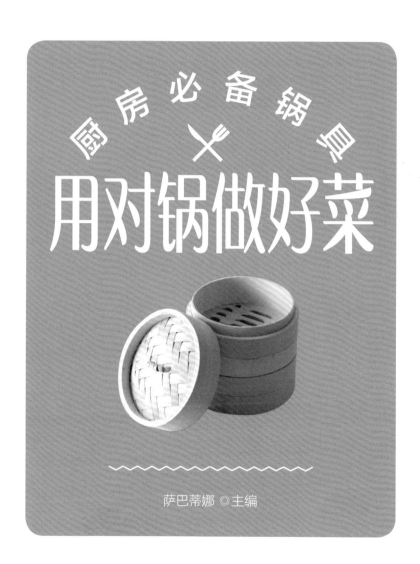

萨巴蒂娜 ◎主编

中国轻工业出版社

卷首语

你的厨房需要什么锅具?

经常有读者问我,如果就一个人做饭,如何置备最少的锅?这个时候我推荐买18厘米或者20厘米(这个尺寸指的是锅的直径)的雪平锅,可以炒一个人的菜,可以煎鱼、煎蛋、煎排骨、煎牛排、炖汤,还可以炸薯条,配置一个蒸笼还可以做各种蒸菜料理。即便现在我的厨房有很多锅,我也喜欢用雪平锅,因为锅比较小,能塞进洗碗机。

当然,这是在要求不高的前提下。如果讲究一点,炒菜我喜欢用一口很大的圆底锅,这样可以炒得酣畅淋漓。炖汤、炖菜则一定要选择大的砂锅,成品口感更好。炸丸子用宽口深底不粘锅,丸子放得下,好炸,好捞。

如果是炖银耳粥,我喜欢用定时的电子汤煲,把水、银耳、莲子、木瓜、桃胶丢锅里就不用管了,几小时后自动煲好,全程不沸锅,也不用看管,粥煲得柔滑起胶,十分润喉好喝,放一点冰糖,谁喝了都说过瘾。

煮饺子也要不粘锅,尤其是煮冻饺子,因为饺子皮不粘锅底,所以不容易破。这都是多年厨房生活给我的经验。

蒸锅我舍得买好的,要够大,不漏气。我最喜欢做手工杂粮窝头,一锅就可以蒸二十多个,冻冰箱里慢慢吃。蒸锅够大才可以蒸整条鱼、整只鸡,或者一大碗东坡肉、狮子头,小蒸锅实在不适合我这样喜欢做饭的选手。

压力锅也不可少,我用压力锅做猪蹄、酱牛肉、杂豆饭,或者在时间不够的时候蒸米饭。

总之我什么锅都需要,因为我什么菜都喜欢做。如果你有自己的需求,可以看下这本书,选择适合自己的锅具。

我的理想是厨房一定要够大,卧室要足够小。卧室小,我可以睡得像个婴儿,而厨房够大,我可以施展手脚,在厨房里尽情挥洒。

高欣茹

萨巴蒂娜
个人公众订阅号

萨巴小传:本名高欣茹。萨巴蒂娜是当时出道写美食书时用的笔名。曾主编过五十多本畅销美食图书,出版过小说《厨子的故事》,美食散文集《美味关系》。现任"萨巴厨房"主编。

敬请关注萨巴新浪微博 www.weibo.com/sabadina

目 录

初步了解全书

厨房里的美好生活

厨房里不可少的小神器
9

为了一道菜，入手一只锅
12

计量单位对照表
1 茶匙固体材料 =5 克
1 汤匙固体材料 =15 克
1 茶匙液体材料 =5 毫升
1 汤匙液体材料 =15 毫升

CHAPTER 1
中式炒锅

醋椒豆芽
16

蒜香红苋菜
17

油面筋杭白菜
18

炝炒圆白菜
20

家常葱烧豆腐
22

卤白菜
24

辣炒花蛤
25

油爆小河虾
26

干烧明虾
28

避风塘皮皮虾
30

侉炖小黄鱼贴饼子
32

麻婆豆腐
34

油渣空心菜梗
36

青椒炒腊肉
38

排骨炖豆角蘸卷子
40

小鸡炖蘑菇
42

爆炒鸡胗
44

销魂啤酒鸭
46

CHAPTER 2
不粘锅

酸辣土豆丝
50

鸡刨豆腐
52

火爆炒凉粉
54

干炒牛河
55

孜然羊肉片
56

蒜苗炒肉丝
58

肉末豇豆
60

台式肉臊
62

蚂蚁上树
64

土匪猪肝
65

虾仁滑蛋
66

青蟹炒年糕
68

CHAPTER 3
平底煎锅

蒜香煎牛排
72

蒜香蜂蜜煎鸡胸
74

香煎带子
75

香煎带鱼
76

浇汁煎豆腐
78

老北京糊塌子
79

冰花煎饺
80

老上海生煎包
82

脆皮韭菜盒子
84

南瓜糯米饼
86

法式厚吐司
88

牛肉帕尼尼
90

滑嫩厚蛋烧
92

巧克力酱可丽饼
94

完美单面煎蛋
95

CHAPTER 4
蒸锅

黑芝麻花卷
98

小笼杂粮蒸
100

珍珠丸子
101

香菇酱肉包子
102

剁椒鱼头
104

清蒸鲈鱼
106

蛤蜊蒸蛋
108

粉蒸蔬菜
109

肉饼蒸蛋
110

荷叶糯米鸡
112

CHAPTER 5
汤锅

高汤
116

莲藕排骨汤
117

黄瓜蛋花汤
118

海带绿豆汤
119

小锅米线
120

豪华泡面
122

自家锅煮奶茶
123

私房白斩鸡
124

盐酥鸡
126

炖羊蝎子
128

炸猪排
130

小酥肉
132

大虾天妇罗
133

盐水花生
134

卤溏心蛋
135

CHAPTER 6
砂锅

粉皮鱼头煲
138

咖喱鲜虾粉丝煲
140

酱焖羊肉
142

笋干老鸭煲
143

啫啫排骨煲
144

家庭版腊味煲仔饭
146

CHAPTER 7
汤煲

鲫鱼豆腐汤
150

白菜豆腐丸子汤
152

胡椒猪肚鸡
154

竹荪鸡汤
155

海鲜砂锅粥
156

CHAPTER 8
铸铁锅

铸铁锅米饭
160

西班牙海鲜饭
162

汤泡饭
164

无水葱姜焗蟹
165

酒烹蛤蜊
166

芸豆炖猪脚
167

百叶结鸡蛋红烧肉
168

咖喱牛肉
170

意式牛肉酱
172

罗宋汤
174

CHAPTER 9
高压锅

甜品花生汤
178

番茄青鱼
179

高压锅生蚝
180

炖牛肉
181

番茄牛尾汤
182

糖醋猪脚姜
184

清炖排骨面
186

粗粮饭
188

煮粽子
189

初步了解全书

看着名字
就流口水

需要用到的食材一目了
然，要打有准备的仗

专为这道菜量身定制的
选锅、用锅秘籍

品尝菜肴也是
有情怀的

时间、难易
度清楚明了

详尽直观的
操作步骤让
你简单上手

烹饪秘籍，让你与美味不再
失之交臂

为了确保菜谱的可操作性，
本书的每一道菜都经过我们试做、试吃，并且是现场烹饪后直接拍摄的。
本书每道食谱都有步骤图、烹饪秘籍、烹饪难度和烹饪时间的指引，确保你照着图书一步步
操作便可以做出好吃的菜肴。但是具体用量和火候的把握也需要你经验的累积。

书中部分菜品图片含有装饰物，不作为必要食材元素出现在菜谱文字中，读者可根据自己的
喜好增减。

厨房里的
美好生活

厨房里不可少的
小神器

锅铲

锅铲家家户户都有，按照材质分，有木质的、不锈钢的、还有硅胶的。"好马配好鞍，好锅配好铲"，带有涂层的炒锅和煎锅最好选择木质锅铲或者耐高温的硅胶锅铲，这种锅铲柔软，不会划伤锅体较薄弱的涂层。木铲隔热性能好，适用于快速翻炒；硅胶铲的铲头薄，更适合煎鱼或者给烙饼翻面。

漏铲

漏铲多由不锈钢制作而成，铲子头带有一条一条镂空的槽，这样在翻炒或者煎炸的时候可以捞起食材并沥掉多余的油分。当然在水煮、水焯时也可以用漏铲漏掉多余的水分，一铲多用。

刀具套装

要分辨刀具的钢材好不好很简单，可以用手指轻轻敲弹一下菜刀刀身，好的菜刀声音清脆悦耳，声润持久。反之，不好的钢材声音死沉沉的，像敲砖头一样。刀具套组中一般有切片刀、斩骨刀、料理刀、水果刀和磨刀棒。

陶瓷刀

陶瓷刀是采用高科技纳米技术制作的新型刀，具有高硬度、高密度、耐高温、抗氧化的特点。只要使用时小心一些不摔到地上，不剁砍硬物，正常使用的情况下永远都不需要磨刀。

砧板

你知道吗？日本政府曾规定，切生鱼片必须用塑料砧板，因为它不易藏匿细菌。很多人觉得年久的木头老砧板用起来方便顺手，其实老砧板的划痕正是藏污纳垢的场所，即使清洗也难以全部去除。大概一年左右就应该更换一次砧板，而切生熟食物的砧板也应该分开，避免交叉感染。

锅盖架

锅盖架是锅具的最佳伴侣，炒菜、炖汤时锅盖无处放，总不能占着一只手一直举着吧？小小的锅盖架不占地方，可以上墙也可以放在厨房的台面上，有了锅盖架，厨房秒变干净整洁。

隔热垫

我们总担心热气腾腾的锅底把家具烫出永久性伤害，因此隔热垫必不可少。你再也不用担心在木质的餐桌上烫出一个个的"黑眼圈"了。

多功能切菜器

切片、粗丝、细丝、磨蒜，一起搞定。有了多功能切菜器，备菜的过程会变得非常轻松，简直是造福"手残党"的一件神器，再也不用担心自己的刀工不行了。使用切菜器时千万要小心，避免受伤。

定时器

腌肉15分钟，蒸水蛋10分钟，小火煲汤1小时，虽然时间不需要多么精确，可一旦在厨房里忙碌起来总会忘这忘那，需要提个醒。精致小巧的厨房定时器能在你的厨房里派上大用场。想要精确度高，可以选择数码式的厨房计时器，如果只是大概齐，不需要精确到秒，机械式定时器就可以了。

长筷子

下厨房做饭，自然少不了油炸。如果害怕油星飞溅，这样一双长筷子你一定要试一试。细腻的木质可以用上很久，不做油炸菜肴时，还可以用来煮面条、炒河粉等。

为了一道菜，
入手一只锅

厚蛋烧锅

在日剧里经常看到这样一口长方形的小煎锅，蛋液倒进去，煎定形后朝一个方向不停卷起来，美味的厚蛋烧就做好了。如果你是厚蛋烧的狂热爱好者，入手这样一只小锅将会事半功倍。如果只是偶尔做一两次，那么用平底不粘锅也一样能做成，只是形状没那么好看罢了。

小煎蛋锅

同样的食材换个做法就会让人食欲大增。煎荷包蛋谁都吃过，如何把蛋煎得漂亮就要费一番心思了。造型可爱的小煎蛋锅煎一只蛋正好，或者烙一张软软的松饼也不错。

帕尼尼锅

帕尼尼加热的时候有专用的锅，上下两面都能加热，轻轻一压就能在面包表面烙出好看的纹路。吃不惯冷的三明治，热压 1 分钟，就能让三明治变成暖烘烘的帕尼尼，令人无法抗拒。

竹编小蒸笼

竹子编成的小蒸笼在蒸食物时还有淡淡的竹香，直接端上桌，轻便又省事。不锈钢蒸笼冷冰冰的，不像传统蒸笼充满人情味儿，但胜在耐用，易清洗。

韩国泡面锅

韩国泡面锅导热效果强，水倒进去很容易就沸腾。泡面锅尺寸刚好适合一人食，咕嘟咕嘟几分钟，就能把泡面煮好，绝对能俘获你这个吃货的心。

小锅米线铜锅

煮小锅米线的锅基本都是纯手工制造的铜锅，外形不算完美但有一种质朴的美感，养护起来有点麻烦，加热后锅底很容易出现火斑，时间长了还会长出铜绿或氧化黑斑。这口锅一定要用心好好打理才行。

CHAPTER

1

中式炒锅

- 中式炒锅大概是很多人的"人生第一口锅"。不论炒、炖、煮，中式炒锅都能搞得定，因此每家每户在买锅时，第一选择就是先买上一口最经典的中式炒锅。作为一个厨艺爱好者，怎么挑选一个称手的炒锅呢？价位从几十块到上千块，各种不同价位的大大小小的锅，怎么选呢？

- 挑选炒锅的总原则是"买大不买小"，炒锅大了可以有效减少溅油，随便怎么翻炒也不会溅得到处都是。再有，用大炒锅炒体积比较大、比较蓬松的蔬菜也不至于入锅就满，一颠锅就撒出来。不过尺寸大了，重量难免就会相应提升。如果你是臂力比较小的女生，那么选锅也不能只考虑大，尺寸和重量都"称手"更为重要。

解腻清爽，多吃一碗饭

醋椒豆芽

🕐 10分钟　🍚 简单 ▪▪▫

🔍 豆芽本身没什么滋味，因此选择不同的调料可以让豆芽的滋味多变又复杂。醋的酸味裹杂着点点辣，让人食欲大开。

主料
黄豆芽适量

辅料
红椒1/2个｜小葱适量｜油适量
陈醋1汤匙｜盐适量

做法

1　红椒洗净、切丝；小葱切成和豆芽长短差不多的小段。

2　炒锅烧热，加入适量油，小火下入红椒和小葱炝锅。

3　红椒和小葱发皱时，下入洗净的黄豆芽，转大火翻炒。

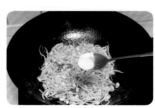

4　豆芽出水变软后，调入陈醋和盐，炒匀即可。

▏▏▏▏▏▏▏▏　**用对锅做好菜**　▏▏▏▏▏▏▏▏

炒锅有不同的直径，通常炒菜需要直径略大一些的锅具。因为这样可以让水分快速蒸发，也能让食材有翻动的余地，可以更均匀地受热。

烹饪秘籍

豆芽本身就是水分比较多的食材，洗完后一定要尽量沥干水分再下锅，不然会让这道菜变成"上汤豆芽"。豆芽适合全程大火快炒，盛到盘子里绝不会水汪汪、湿答答的。

色泽艳丽，餐桌上的一抹红

蒜香红苋菜

🕐 15分钟 ┊ 🍲 简单 ▰▱

🔍 你可能在想，蒜香红苋菜不就是把蒜和苋菜放在一起炒熟吗？其实越是简单的家常菜才越考验烹饪功底，做法也颇有讲究。

主料
红苋菜500克

辅料
大蒜3瓣 ┊ 金华火腿1小块 ┊ 油少许
盐少许

用对锅做好菜

蔬菜炒得好，真比肉还诱人，有多少人小时候是用苋菜红色的汤汁来拌饭吃的？用一口够大的炒锅，翻炒时汤汁才不会溅得到处都是。

烹饪秘籍

金华火腿味道鲜美，可以给青菜增添特殊的风味。如果担心火腿过咸，可以提前泡水备用。

做法

1 红苋菜择去老叶，洗好备用。

2 红苋菜切成长段，大蒜切片，金华火腿切成1厘米见方的小块。

3 炒锅烧热，淋入少许油，小火将金华火腿粒和大蒜煸至焦香。

4 下入红苋菜大火翻炒，菜变软出汁后调入少许盐就可以出锅了。

17

清爽无负担

油面筋杭白菜

🕐15分钟　🍲简单 ■■□□

用对锅做好菜

热锅凉油的好处是减少油烟、减少营养损失，还不易粘锅，炒出来的菜不仅口感好，颜色也漂亮。

主料

杭白菜1/2棵｜油面筋6个

辅料

油少许｜盐1茶匙

做法

1 杭白菜洗净，切成约两指宽的段。

2 油面筋用清水冲洗干净，沥干水分备用。

3 热锅凉油，倒入杭白菜翻炒。

4 白菜炒软出汁后，放入油面筋一同翻炒。

5 撒入盐，继续翻炒直至面筋入味。

6 待面筋变软并吸足汤汁，即可关火装盘。

烹饪秘籍

杭白菜可以切成长段，如果足够嫩，甚至连切都不用，用手从中间掰成两半就可以直接下锅炒了。

杭白菜是有名的小白菜，质地柔嫩、味道清香，特别适合清炒。这道菜清清爽爽，不会给肠胃造成任何负担，健康又营养。

有魅力的下饭菜

炝炒圆白菜

⏰ 15分钟　🍲 简单 ■■□

用对锅做好菜

半棵圆白菜撕碎，就是满满一盆，只有放入炒锅里翻炒起来才毫无压力，还能沿着火热的锅边淋生抽，这就是镬气。

主料

圆白菜1/2棵

辅料

干辣椒4个｜盐1茶匙
大蒜3瓣｜花椒少许｜油适量

做法

1　圆白菜一片片剥下，用清水洗净。

2　沿着圆白菜的脉络，将叶片撕成适宜入口的小片，老茎弃去不用。

3　干辣椒剪成约2厘米长的小段，大蒜切碎。

4　炒锅烧热倒入适量油，下入花椒、干辣椒和蒜末小火炒出香气。

5　下入圆白菜转大火不停翻炒。

6　叶片变色且变软后，加入盐炒匀即可出锅。

烹饪秘籍

大火快炒时间不宜过长，以免圆白菜中的水分过度流失。挑选圆白菜时，最好选择拿起来较重、表面光滑的，这样的圆白菜水分足，炒出来的口感也更爽脆可口。

圆白菜的含水量大约有90%，维生素C的含量和叶酸的含量都比普通蔬菜高，大火快炒可以最大限度保持圆白菜的脆嫩，还能让你尝出丝丝甘甜。

小吃摊的烟火气
家常葱烧豆腐

⏰ 25分钟　🍲 简单 ■■□□

■■■■■■■ **用对锅做好菜** ■■■■■■■

小吃摊之所以会长久存在，就是因为这一缕看不见、摸不着的烟火气，不管是大铁锅还是小铁锅，洗干净、烧热油，咕嘟咕嘟，就能产生一种美好的化学反应。

主料

老豆腐1块 | 大葱1/2根

辅料

老抽1汤匙 | 生抽1汤匙
蒸鱼豉油1汤匙 | 盐适量
孜然粉少许 | 油适量

做法

1　大葱斜切成薄片，豆腐切成麻将牌大小的块。

2　炒锅中放入比平时炒菜略多一些的油，晃动锅体让油均匀布满锅体。

3　油热后，小心地将豆腐放入锅中。一面煎至金黄后再煎另一面，动作尽量轻柔，保证豆腐的完整。

4　将煎好的豆腐取出，用锅底的余油爆香大葱。

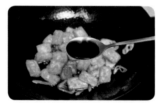

5　再倒入煎好的豆腐，淋入生抽、老抽、蒸鱼豉油，颠动炒锅，让豆腐和酱汁混合。

6　撒入盐和孜然粉调味，盛出入盘中即可。

烹饪秘籍

切豆腐时，尽量一刀切到底，多次移动会让豆腐散架。煎过的豆腐就会定形了，再翻面也会比较容易。

上学时经常在学校附近买上一份铁板豆腐解馋，这道菜的味道就和它很相近，做法又简单，即使是厨房小白也能秒变厨神。

卤白菜也叫白菜卤，是一道以大白菜为原料的菜。白菜含水量大且甜，冬季里食材花样不多，那就在做法上换换花样吧。

美味健康家常菜

卤白菜

⏰ 20分钟　🍲简单 ■■□□

主料

大白菜1棵

辅料

干贝少许 ｜ 盐适量 ｜ 油少许

〰〰〰〰〰〰　**用对锅做好菜**　〰〰〰〰〰〰

一棵大白菜切碎后需要一个大盆才能装得下，那么炒的时候也势必要一口大锅才翻得开。白菜下去，不用加多少水，烧一烧就出汤了。

做法

1 干贝用清水浸泡10分钟左右，吸水膨胀后冲洗干净，沥干水分。

2 大白菜撕去最外面的一层老叶，其余的一片片择下，清洗干净。

3 将白菜帮切成约两指宽的段，叶片部分可以切得比帮子略宽一些。

4 炒锅烧热，倒入少许油，小火将干贝煸出香味。

5 干贝变得金黄时，加入一大碗清水煮沸。

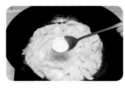

6 水沸后将切好的白菜下入锅中，煮软后调入适量盐即可。

烹饪秘籍

秋末时节刚打过霜的大白菜是最甘甜的，挑选时要看白菜心是不是卷紧的。只要食材选得好，最简单的做法就很好吃了。

好吃到吮手指
辣炒花蛤

⏱ 20分钟（不含浸泡时间） 🥄 中等 ▬▬

主料
花蛤1000克

辅料
大葱1段 | 姜4片 | 紫苏叶适量
大蒜4瓣 | 油适量 | 郫县豆瓣酱1汤匙
淡盐水适量

〰〰〰〰〰 **用对锅做好菜** 〰〰〰〰〰

我们的中式炒锅够大，够皮实，火力足，随便怎么炒都不怕划伤锅体。夏天最开心的时刻就是端着一盘子壳壳，配上一杯冰镇饮料，慢慢吃上一晚上。

🔍 每一个辣炒花蛤都裹着咸香的酱汁，非常入味。常见的带壳的海货无论是花蛤、花螺、蛏子、薄壳，都可以用这个方法来烹饪。

做法

1 花蛤买回来后，放入淡盐水中浸泡约2小时，使花蛤吐出沙泥。

2 用小刷子将花蛤刷洗干净后，沥干水分备用。

3 大葱切成葱花、蒜拍扁，紫苏叶切碎。

4 炒锅烧热，倒入适量油，倒入郫县豆瓣酱炒出红油。

5 下入葱姜蒜、紫苏叶小火翻炒出香气。

6 转大火下入花蛤，快速翻炒。待花蛤张开口，并均匀裹上酱汁即可。

烹饪秘籍

炒制时间不宜过长，大火猛炒几分钟就可以了。想要花蛤快速吐净泥沙，可以用50℃左右的温水来浸泡。花蛤受到温水的刺激后会快速呼吸，体内的沙子也就随着快速呼吸被冲出来了。

入口爆汁

油爆小河虾

⏱ 30分钟　🍲中等 ▰▰▱

主料

小河虾500克 ｜ 湖南辣椒适量

辅料

姜2片 ｜ 葱花少许 ｜ 小米辣2个
老抽1/2汤匙 ｜ 生抽1汤匙
白糖适量 ｜ 盐少许 ｜ 油适量

||||||||| **用对锅做好菜** |||||||||

小河虾用宽油爆一爆，也就几秒，乌黑的炒锅里虾身就变红了，用一口大炒锅翻炒起来更痛快。

做法

1 小河虾用流动的清水冲洗几遍，洗去多余的杂质后控干水分。

2 湖南辣椒和小米椒洗净，切成辣椒圈。

3 炒锅烧热加入适量油，比平时炒菜要多一些。油热时，倒入小河虾炒干水分、炒出香气。

4 将河虾拨到一边，用锅底的余油将葱姜、辣椒圈爆香。

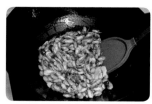

5 把河虾与葱姜、辣椒圈混合，炒至辣椒圈变软、微焦。

6 调入生抽、老抽、白糖和盐，大火猛炒入味即可。

烹饪秘籍

小河虾中杂质比较多，经常会掺杂着小石子、水草等，如果时间够用，尽量用流动的水来回冲洗几次，把沉在底部的杂质洗去。

小河虾经过油脂的浸泡洗礼，外壳变得焦香酥脆，咬起来嘎吱嘎吱作响，口腔里满是香气。不像是一道菜，更像是一份让人停不下嘴的小零食。

镇桌过年菜
干烧明虾
🕐 30分钟　🍲中等　▬▬▬

主料

明虾8只

辅料

大蒜3瓣｜小葱1根｜料酒1汤匙
盐少许｜油适量｜生抽1汤匙
白糖1茶匙

------- **用对锅做好菜** -------

秋季的大虾正当时，热锅倒油，将虾脑煸炒出虾油来，再调味来烧。炒锅锅体薄薄的，可以迅速导热，让你做起这道菜来得心应手。

做法

1 明虾剪去虾须和虾脚，开背取出虾线。

2 大蒜切片，小葱切成葱花备用。

3 取料酒、盐和一半蒜片，将明虾腌制15分钟左右入味。

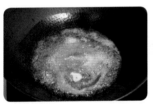

4 炒锅烧热，倒入适量油，下入腌制好的明虾，煎至两面发红后捞出。

5 用锅里的余油爆香蒜片和葱花，下入明虾翻炒均匀。

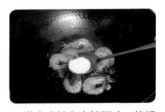

6 淋入生抽和白糖调味，待汤汁变少、虾壳变得焦脆了，装盘即可。

烹饪秘籍

活虾身上有一层黏液，滑溜溜地抓不住。用剪刀处理掉过长的虾须和虾脚，比用刀来切更简单，也更安全。

茄汁、红烧都太油腻了，那就干烧吧。既省事，又能上得了台面，只要摆盘漂亮，就是一道红红火火、适合除夕夜的大菜。

香酥入味，连壳吞

避风塘皮皮虾

⏱ 35分钟　🍲 高级 ▬▬

主料

皮皮虾500克

辅料

黑胡椒粉适量｜姜4片｜大蒜1个
面包糠100克｜盐适量
生抽2汤匙｜料酒1汤匙
白糖1茶匙｜小葱1根
小米辣椒2个｜油适量

·········· **用对锅做好菜** ··········

将蒜蓉投入油锅中，刺啦一声，油锅马上就不平静起来。炒锅的形状特适合翻炒、颠勺，让每一只皮皮虾都裹满调料。

做法

1 大蒜切成蒜末，小米辣椒斜切成圈，小葱切成约2厘米长的段。

2 皮皮虾洗净，沥干水分备用。

3 炒锅烧热，倒入油，油热后倒入皮皮虾，炸熟后捞出。

4 锅中留少许油，倒入小米辣椒、姜片和蒜末翻炒出香味。

5 蒜末变得金黄时，加入面包糠，继续翻炒均匀至金黄酥脆。

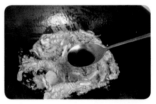

6 下入炸好的皮皮虾、葱段翻炒，调入白糖、料酒、盐、生抽和黑胡椒粉快速翻炒，均匀入味即可。

烹饪秘籍

蒜蓉是避风塘做法的精髓，炒蒜末时一定要小火耐心慢炒，这样才能最大限度使蒜末的香味变得浓郁。

避风塘做法是香港粤菜系的经典做法，它的精髓是具有蒜蓉的独特香味。大量的蒜粒过油炒酥香，少了蒜的辛辣，与虾蟹等海鲜共烹，味道和谐，令人越食越开胃。

主食和菜一锅端

侉炖小黄鱼贴饼子

⏱ 90分钟　🍲 高级 ▬▬▬

主料

小黄鱼6条 | 玉米面100克
面粉200克

辅料

酵母粉3克 | 大葱1段 | 大蒜3瓣
香叶1片 | 干辣椒2个
老抽1/2汤匙 | 生抽1汤匙
盐少许 | 油适量 | 料酒适量

用对锅做好菜

这道菜可以选用有两个把手的铁炒锅,这样做好后都
不用盘子,连锅一起端上桌。

做法

1 小黄鱼取出内脏,收
拾干净,用老抽、生抽
和料酒腌制10分钟左右
入味。

2 玉米面放入大碗中,
分次慢慢倒入约80毫升
开水,边倒边搅拌成颗
粒状。

3 玉米面凉至室温时,
加入面粉和酵母粉,少
量多次加入清水,和成
光滑的面团。

4 面团盖上保鲜膜静置
一会儿,发酵到两倍大
时再次取出,揉匀排气
备用。

5 炒锅烧热,倒入适量
油。下入葱蒜、香叶和
干辣椒小火爆香。

6 把腌制好的小黄鱼也
下入锅中,煎至两面焦
黄。加入足量水,没过
鱼身,煮至沸腾。

7 取适量面团,用手
整成巴掌大的玉米面饼
子,均匀贴在铁锅上,
饼子的下缘挨着汤汁。
盖盖,中小火焖15分钟。

8 待小黄鱼变得酥烂、
饼子熟透,转大火将汤
汁收干,撒入少许盐调
味即可。

烹饪秘籍

玉米面和白面的比例可以根据个
人喜好适当调节,如果喜欢口
感更粗一些的,不妨多放一些
玉米面。贴饼子时一定要水开
锅热了再行动,不然锅不热的时
候饼子贴不住,还会滑下去。

沿着大炒锅的锅边贴一溜儿玉米面饼子，配着小黄鱼，菜和主食都有了。一口饼、一口鱼，再蘸点汤，肠胃都熨帖了。

正宗四川味

麻婆豆腐

⏱ 35分钟　🍲中等 ▮▮▮▯▯

主料

嫩豆腐1块｜猪肉末100克

辅料

郫县豆瓣酱1汤匙｜花椒粉少许
生抽少许｜白糖1茶匙｜老抽1茶匙
料酒适量｜小葱1根｜姜少许
蒜少许｜小米椒2个｜淀粉1汤匙
盐1茶匙｜油适量

ılıllıllıllıll **用对锅做好菜** ılıllıllıllıll

最后快出锅时，一手拿炒勺淋芡汁，一手端起炒锅晃锅，是不是很有大厨范儿？中式炒锅虽然大，却轻巧，一只手就能搞定。

做法

1　葱、姜、蒜和小米椒洗净，分别切成碎末。嫩豆腐切成约2厘米见方、大小一致的方块。

2　猪肉末加入花椒粉和少许淀粉抓匀，腌制入味。

3　汤锅加入适量水，水沸后加入1茶匙盐。将豆腐下入水中烫1分钟左右捞出，沥干水分。

4　取一只小碗，加入生抽、老抽、白糖、剩余淀粉，然后加入适量清水，搅拌均匀成芡汁。

5　炒锅烧热，倒入食用油，放入葱、姜、蒜和小米椒爆香。

6　将猪肉末下入锅中，调入郫县豆瓣酱和料酒翻炒入味。

7　肉末炒好后，锅中加入适量清水大火煮沸。

8　下入豆腐煮两三分钟，汤汁变少、变黏稠后，淋入芡汁勾芡，即可出锅。

🍳 **烹饪秘籍**

做麻婆豆腐之前用沸水焯一下，可以很好地去除生豆腐的豆腥味，这样做出的麻婆豆腐更贴近正宗的味道。

34

麻婆豆腐应该是无辣不欢的人都会喜欢的一道菜，细小的麻椒颗粒在唇齿间跳跃，连嘴唇都微微发麻。

清润好营养
油渣空心菜梗

⏱ 45分钟　　🍲中等 ▪▪▪▪▫▫

▏▏▏▏▏▏▏ **用对锅做好菜** ▏▏▏▏▏▏▏

做猪油渣一定要用口大炒锅，这
样热量更能聚拢在锅子中心，可
以慢慢将猪肥肉中的油分逼出来。

主料

猪板油少许｜空心菜1把

辅料

盐1茶匙｜生抽1汤匙｜大蒜3瓣
干豆豉10粒

做法

1 空心菜洗净，择下叶片、留
取菜梗。空心菜梗老根弃去不
用，然后切成小段。

2 猪板油切成小粒，大蒜拍扁
备用。

3 炒锅烧热，下入猪板油，
中小火将猪油逼出。油慢慢变
多时，搅拌几下使肥肉均匀受
热。体积明显缩小并变成金黄
色，即可将猪油渣捞出。

4 用锅底的猪油爆香大蒜和干
豆豉。

5 下入空心菜梗，转大火爆炒
至变色。

6 撒入盐和生抽调味，翻炒
均匀后再放入炒好的猪油渣
即可。

🍳 **烹饪秘籍**

炒好的猪油渣盛出来再炒青菜，
可以最大限度缩短猪油渣与青
菜汁水接触的时间，保持猪油
渣的干香酥脆，不会湿塌。

人体应该多摄入不同种类的油脂，花生油、大豆油等植物油和猪油、牛油等动物油交替做底油炒菜，可以使营养摄入更均衡。

青椒炒腊肉

⏰ 20分钟　🍲 简单 ■■■□□

用对锅做好菜

新的铁锅最适合炒肥美的菜，腊肉的油脂丰富，不仅香味诱人，最重要的是还能润润锅。有了猪油的滋润，铁锅就像敷了面膜，不易生锈了。

主料

青椒2个 | 腊肉1块

辅料

生抽1汤匙 | 盐少许 | 青蒜苗1根
大蒜3瓣 | 郫县豆瓣酱1/2汤匙

做法

1 青椒洗净，斜切成适宜入口的块，腊肉切成薄片。

2 青蒜苗斜切成段，大蒜拍扁备用。

3 炒锅烧热，不放油直接下入腊肉翻炒，将多余的油分煸出来。

4 腊肉的肥肉部分变得透明，边缘稍微有一点焦煳时将肉放到一边，下入青蒜苗和大蒜爆香。

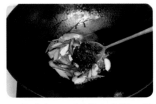

5 调入郫县豆瓣酱和生抽，炒出红油。

6 最后下入青椒炒至断生，然后将所有食材翻炒均匀，加入少许盐调味即可。

烹饪秘籍

根据腊肉的肥瘦程度可以将其切成不同的厚度，肥肉多些就切得薄一点，瘦肉多些就不妨切得厚一点。肥肉多比较耐炒，即使烹饪时间略长口感也不会太柴。

青椒腊肉下锅炒，一片片炒到透明的腊肉泛出晶莹的琥珀色。夹起几片腊肉，再淋勺汤汁，扒拉扒拉，一碗饭就见底啦。

就是爱大口吃肉
排骨炖豆角蘸卷子
⏱90分钟 🍴高级 ▬▬▬

主料

排骨500克 | 豆角300克

辅料

大葱1段 | 大料1个 | 油适量
盐少许 | 面粉150克 | 生抽1汤匙
老抽1汤匙 | 白糖适量 | 料酒1汤匙

▌▌▌▌▌▌▌▌▌▌ **用对锅做好菜** ▌▌▌▌▌▌▌▌▌▌

炖菜时汤汁一定要足够，这样即使烧上1小时也不会煳锅。所以中式炒锅最适合连炒带炖，一锅搞定。

做法

1 面粉放入大碗中，少量多次加入清水和匀。将面粉揉成光滑不粘手的面团，用保鲜膜包好，松弛20分钟左右。

2 汤锅加入清水，排骨洗净后冷水下入锅中，焯水后捞出。

3 炒锅烧热，放入油，下入大料和葱段炒香。然后将排骨放入锅中，加入生抽、老抽、料酒和白糖，翻炒均匀。

4 锅中倒入足量水，大火煮沸后盖上锅盖，转小火慢炖半小时左右。

5 取出醒好的面团，再次揉匀，擀成1厘米厚的长方形面片。

6 将面片切成约两指宽、10厘米长的条形。用手分别捏住面片的两端，朝反方向扭转成卷子形。

7 豆角洗净，掐去老丝，掰成适宜入口的段后放入排骨中，一起炖几分钟。

8 豆角变色后加入盐调味，随后将卷子沿着锅边均匀地摆上一圈。盖上锅盖后转中火将汤汁收干，至卷子熟透即可关火。

烹饪秘籍

要想卷子好吃，醒面过程绝对不能省略。多揉一揉，让面团变得柔软细腻有弹性，再醒一醒，让面团变得松弛好延展。

炖菜是东北特色的家常菜，菜、肉、主食一锅端。吸足了肉菜汤汁的卷子，每一口都带给你满满的幸福感。

东北人家的拿手绝活

小鸡炖蘑菇

⏱120分钟　🍚高级 ▰▰▰▰▰

主料

柴鸡1只 | 榛蘑适量

辅料

红薯粉适量 | 八角1个 | 桂皮1小块
姜5片 | 老抽2汤匙 | 盐适量
油适量

―――――――――― **用对锅做好菜** ――――――――――

东北农村每家每户都有一口大铁锅，看起来做法粗糙，各种食材一锅烩，可是在柴火的热力作用下，却总是能烹制出出奇的美味。现代厨房里没有柴火，但可以有大铁锅呀。

做法

1 柴鸡洗净，斩成块。不要斩太小，和大盘鸡的肉块差不多即可。

2 榛蘑用温水泡开，洗去泥沙后继续用温水浸泡备用。

3 汤锅加入足量水，水沸后下入鸡块焯一下。鸡肉变色后捞出，冲去浮沫。

4 炒锅加入适量油，下入八角、桂皮和姜片，小火煸出香气。

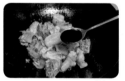

5 下入鸡块翻炒2分钟左右，淋入老抽炒上色。

6 锅中加入足量热水，没过鸡块，大火煮沸后转小火炖1小时左右。

7 1小时后翻动一下鸡块，然后倒入榛蘑和浸泡榛蘑的水，继续炖半小时。

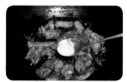

8 半小时后下入红薯粉，炖20分钟左右，待红薯粉变得透明，加入盐调味即可。

烹饪秘籍

红薯粉不需要提前浸泡，放进锅中时可以分散一些，防止粘连。如果提前浸泡了也没关系，适当缩短炖煮时间就可以了。

炖鸡的蘑菇最好选用野生的东北榛蘑，细茎小薄伞那种。榛蘑可以最大限度衬托出鸡肉的鲜香，这是一道名副其实的山珍野味。

大火快炒最入味

爆炒鸡胗

⏱ 30分钟　🍲 中等 ▬▬▬ ▢

主料

鸡胗6个

辅料

蒜薹少许	小米辣3个	大蒜3瓣
泡椒少许	油适量	盐少许
生抽适量	料酒1汤匙	姜少许

〰〰〰〰〰 **用对锅做好菜** 〰〰〰〰〰

说这道酸辣的爆炒鸡胗是米饭杀手一点都不为过，全程急火旺炒，最大限度保留鸡胗的脆劲，也能更好地激发出泡椒的酸辣味。

做法

1 鸡胗洗净，切薄片，用冷水浸泡投洗几次，直至没有血水渗出。

2 将鸡胗片捞出沥干水分，用料酒、生抽抓匀，腌制15分钟左右。

3 小米辣和泡椒切圈；蒜薹切成小粒；大蒜和姜切成碎末。

4 热锅冷油，下入姜蒜、小米辣、泡椒煸炒出香味。

5 放入腌制好的鸡胗和蒜薹粒，急火旺炒，不停翻动使食材均匀受热。

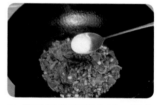

6 待鸡胗体积缩小后，调入生抽、盐炒匀，入味后即可起锅。

烹饪秘籍

鸡胗是鸡的胃脏器官，最容易藏污纳垢。择掉鸡胗上附带的肥油、厚膜等杂质后，可以用面粉或白醋反复搓洗。这样能最大限度将鸡胗清洗干净，还能去除异味。

很多人喜欢鸡胗脆生有嚼劲的口感，毕竟只有入口耐嚼的食材才能让人愈发尝出多元化的调味呀。

上得了厅堂的大菜

销魂啤酒鸭

⏱60分钟　🍲中等 ▬▬▬□

主料

鸭子1/2只

辅料

啤酒1瓶｜花椒适量｜桂皮1块
姜4片｜八角1个｜干红辣椒7个
大蒜3瓣｜老抽1汤匙｜生抽2汤匙
盐少许｜白糖1汤匙｜大葱1段
葱花少许｜熟白芝麻少许｜油适量

〰〰〰〰〰〰 **用对锅做好菜** 〰〰〰〰〰〰

一整瓶啤酒倒下去，将所有鸭肉牢牢封锁在啤酒汤汁里，这种做法一定要一口足够大的炒锅才行。

做法

1 鸭子洗净，剁成适宜入口的块。

2 汤锅中加入足量清水，冷水将鸭子块倒入锅中，焯水后沥干水分备用。

3 大蒜拍扁，大葱切成1厘米厚的小段。

4 炒锅烧热，倒入适量油。下入花椒、桂皮、八角、干辣椒和葱段、姜片、大蒜炒出香气。

5 倒入鸭子翻炒，放入老抽、生抽和白糖上色，炒至鸭肉有些焦黄。

6 将啤酒倒入锅中没过鸭子，大火烧开后盖上锅盖，转中火炖煮半小时左右。

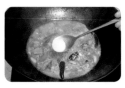

7 不时翻动一下，避免粘锅。鸭肉变得软烂时撒入盐调味，并打开锅盖，转大火收干汤汁。

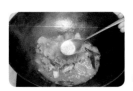

8 出锅前撒入一把葱花及熟白芝麻，即可装盘。

🏷 **烹饪秘籍**

斩块的鸭肉一定要炒至出油干身，花椒、桂皮、八角等香料可以比平时炖肉多放一些，这样吃起来才不腥不腻。

不加一滴水的啤酒鸭汤汁无比浓郁，吃完之后
还可以像大盘鸡一样，下一些面条，拌着汤汁一起
吃，绝对能让你感受到什么叫做满足。

CHAPTER 2

不粘锅

- 炒锅材质种类繁多，有普通的铁锅、带不粘涂层的炒锅、麦饭石材质的炒锅、纯不锈钢的炒锅等，总的来说分为带涂层和不带涂层两大类。不锈钢炒锅可以有，但不要指望可以用它做各种爆炒，也不要相信所谓的"物理不粘"，尤其是一些容易粘锅的淀粉类或蛋白质丰富的食材，即使热锅冷油也没什么效果。

- 不粘锅本身就是寿命1年左右的消耗品，煎锅炒锅一般1年，汤锅大概能达到2年以上。中式烹饪对涂层的损耗非常大，因此在日常使用中要格外注意锅铲的选择。木质、硅胶的锅铲质地柔软，不像金属的锅铲硬邦邦的，会划伤锅体。

- 由于不粘锅涂层较厚且耐热，不粘锅并不适合中式爆炒，缺少了中式炒锅的"镬气"。但不粘锅也有优点，不粘锅的好处不仅仅是能解决焦煳难刷锅的问题，还能避免煳的食物产生对人体有害的致癌物。

超级下饭的米饭杀手

酸辣土豆丝

⏱ 20分钟　🍚简单 ■■■□□

|||||||||| **用对锅做好菜** ||||||||||

不粘锅的涂层比较薄弱，因此在洗锅时需要使用柔软的海绵来清洁，绝不能使用钢丝球猛擦。

主料

土豆1个

辅料

泡椒适量｜盐适量｜油2汤匙
大蒜2瓣｜小米辣2个｜香醋2汤匙

做法

1 泡椒和小米辣斜切成辣椒圈，蒜拍扁备用。

2 土豆去皮，切成粗细均匀的土豆丝。

3 将土豆放入清水中浸泡5分钟左右，洗去多余的淀粉后沥干水分。

4 不粘锅烧热，倒入食用油。

5 下入大蒜、泡椒和小米辣椒，小火炒香。

6 下入土豆丝炒熟，出锅前加入盐和香醋调味即可。

烹饪秘籍

土豆的淀粉含量非常丰富，想要土豆丝根根分明、口感脆爽，一定不能少了用清水投洗的步骤。

因为土豆含有淀粉比较多，普通锅炒完了，一半土豆丝都留锅上了。一把好的不粘锅可以让你轻松炒出一盘根根分明的土豆丝。

鸡刨豆腐

⏱10分钟　🍲简单 ■■▢

|||||||| 用对锅做好菜 ||||||||

鸡刨豆腐是一道快手菜，不要在锅内长时间翻炒，否则豆腐会出很多水，鸡蛋也炒老了。建议使用不粘锅，闭着眼随便炒炒就能完美出锅。

主料

老豆腐1块 | 鸡蛋2个

辅料

油适量 | 盐1茶匙
白胡椒粉少许 | 葱花少许

做法

1　豆腐控干水分，放在大碗中用手捏碎。不用捏得太碎，指甲盖大小正好。

2　鸡蛋放入碗中，打散成蛋液备用。

3　不粘锅倒入油，小火将葱花爆香。

4　倒入豆腐碎，转中大火快速翻炒约30秒，让豆腐中多余的水分蒸发。

5　将鸡蛋液倒入锅中，继续翻炒至蛋液凝结成小颗粒。

6　调入盐和白胡椒粉，翻炒均匀即可出锅。

烹饪秘籍

不能用内酯豆腐那类太娇嫩、水分一大把的豆腐，最好是用水分少的老豆腐来做。

🔍 鸡刨豆腐的食材和调味都很简单，如果有一天，恰好你的冰箱里没什么菜又要做一餐时，不妨试试这道菜吧。

软软嫩嫩滑入喉

火爆炒凉粉

🕐 15分钟　　🍚 简单 ▬▬▬

🔖 炒凉粉是一道开封有名的传统小吃，晶莹剔透、滑嫩爽口。凉粉以红薯或绿豆淀粉打制而成，佐以豆酱、葱姜蒜等调料炒制，热、辣、鲜、香。

主料

凉粉400克

辅料

生抽2汤匙｜油适量｜白糖2茶匙
盐1茶匙｜小米辣3个｜小葱1根
大蒜6瓣

做法

1 大蒜切成蒜末，小葱切葱花，小米辣切成辣椒圈备用。

2 凉粉切成2厘米见方的小块，凉粉易碎，注意尽量保持完整。

3 不粘锅烧热，倒入适量油，下入蒜末、葱花和小米椒小火爆香。

4 小心将凉粉滑入锅中，调入白糖、盐和生抽，中火翻炒2分钟左右至入味，就可以出锅了。

用对锅做好菜

凉粉中淀粉含量丰富，如果不想放那么多油，又想炒出焦香味，就放心地用不粘锅吧，保证你能一次做成功。

烹饪秘籍

凉粉非常易碎，炒制时动作要轻，不要大力翻拌。可以用铲子轻轻推动着，使凉粉裹满汤汁即可。

胜在一心一意
干炒牛河

⏱ 55分钟　🍴中等

🔍 干炒牛河，在餐饮界也算低调的楷模了。你看它不声不响，就从历史走到了今天，默默无语就从街边登上了大雅之堂，征服了你的胃。实在是高！

主料

牛里脊肉80克｜黄豆芽25克
鸡蛋1个｜米粉150克｜白洋葱50克

辅料

蚝油1汤匙｜白酒1茶匙｜酱油2汤匙
白糖1/2茶匙｜香葱段30克｜姜末5克
老抽2茶匙｜鸡粉1/2茶匙｜淀粉少许
熟白芝麻少许｜油5汤匙

用对锅做好菜

河粉细嫩无比，大力翻炒会碎掉。还是用不粘锅吧，平铺开来调味也方便，不用怎么翻炒就均匀入味了。

做法

1　将牛里脊切片，用蚝油、白酒、1茶匙老抽和淀粉抓拌均匀，并腌制40分钟左右备用。

2　白洋葱洗净、切丝，泡入清水中；豆芽择洗净。米粉放入沸水中烫煮1分钟，捞出沥水。

3　鸡蛋打成蛋液，不粘锅抹少许油烧热，倒入蛋液，旋动锅身摊成蛋皮，盛出凉凉，切丝。

4　锅中放油，烧至七成热，爆香姜末，放入牛肉片，大火煸20秒左右断生，盛出备用。

5　锅中留油，保持油温，放入香葱段、洋葱、豆芽煸至微微变软。

6　放入米粉和牛肉，加入白糖、酱油、老抽、鸡粉，大火快速炒匀。

7　至牛肉熟透，出锅装盘，将蛋丝摆在上面，撒上熟白芝麻即可。

烹饪秘籍

放些摊鸡蛋丝可使菜色更丰富，营养也更均衡。

来自西北的异域风情

孜然羊肉片

⏱ 25分钟　🍲 中等 ▉▉▉

主料

羊肉片300克

辅料

洋葱1/4个 | 大葱1根 | 香菜1棵
孜然粉1汤匙 | 白芝麻少许
料酒1汤匙 | 生抽1汤匙
老抽少许 | 油适量 | 盐适量

▍▍▍▍▍▍▍▍ **用对锅做好菜** ▍▍▍▍▍▍▍▍

将涮火锅用的羊肉片汆烫控水，
放入不粘锅里炒。如果用普通炒
锅，简直能粘得一塌糊涂。

做法

1 大葱斜切成丝，香菜切成长
段，洋葱也切成细丝备用。

2 汤锅加入足量水煮沸，下入
羊肉片，快速汆烫一下捞出，
沥干水分。

3 平底锅中下入油烧热，将大
葱和洋葱下入锅中爆香。

4 待洋葱和大葱变得软烂，倒
入羊肉片翻炒。

5 调入料酒、生抽、老抽、
盐和孜然粉，大火快速翻炒
均匀。

6 加入香菜段和白芝麻，拌匀
即可出锅。

🥘 **烹饪秘籍**

如果喜欢重口味，可以最后在锅
中撒入辣椒粉，和孜然粒和羊
肉片一同炒香。香辣和孜然两
种口味混合，就像在吃烧烤。

孜然可以去除羊肉的膻气，给味蕾带来刺激，加上羊肉的鲜香，让人很享受。

蒜苗炒肉丝

30分钟　中等

主料

猪里脊200克 | 青蒜苗适量

辅料

姜丝少许 | 生抽1汤匙
蒜末适量 | 料酒1汤匙
淀粉少许 | 油适量 | 盐适量

用对锅做好菜

但凡有肉丝、肉丁、肉片的菜，尤其还挂了浆的，最好用不粘锅，非常有利于新手操作。

做法

1 猪里脊洗净，用厨房纸巾吸干水分。

2 将猪里脊切成粗细均匀、长短均等的肉丝备用。

3 肉丝中加入姜丝、料酒和淀粉，抓匀腌制10分钟左右。

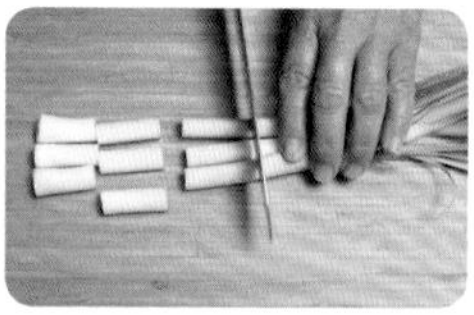

4 青蒜苗洗净，切成约5厘米左右长的段。

5 不粘锅烧热后，放入适量油，小火将蒜末爆香。

6 闻到蒜香味时，下入腌好的肉丝继续翻炒划散。肉丝差不多熟了，加入少许生抽调色调味。

7 将肉丝拨到锅边，用锅底的余油将青蒜苗炒一下。

8 青蒜苗变软后将肉丝和青蒜苗翻炒均匀，加入盐调味即可。

烹饪秘籍

青蒜苗的茎比较硬，不宜熟，可以将叶子和茎分开切。先将茎下锅炒到差不多了，再下入叶子翻炒。

蒜苗炒肉丝是传统的家常菜，色泽鲜亮让人食欲大开。青蒜苗是大蒜长出来的茎叶，具有蒜的香辣味道，闻着就下饭开胃。

隔夜菜也一样好吃
肉末豇豆

⏱ 35分钟　🍲 中等 ▰▰▰▱▱

主料

豇豆角300克 ｜ 猪肉末200克

辅料

大蒜3瓣 ｜ 小米辣椒2个
生抽1汤匙 ｜ 老抽1汤匙
料酒1汤匙 ｜ 淀粉适量
白糖1茶匙 ｜ 盐适量 ｜ 油适量

|||||||||||| 用对锅做好菜 ||||||||||||

不想吃得太油就选择不粘锅吧，只要一点点油润润锅，甚至不放也行，怎么炒都不会煳锅。

做法

1 豇豆角洗净，切成碎末。

2 大蒜和小米辣椒也切成碎末备用。

3 肉末中加入生抽、料酒、淀粉和白糖腌制15分钟左右。

4 不粘锅烧热，加入适量油，下入肉末炒散，肉末变色后盛出。

5 锅中再下入适量油，下入蒜末和小米辣爆香。

6 然后加入豇豆角末炒熟，多翻炒几次，使豆角均匀受热。

7 放入炒好的肉末，将豆角和肉末炒匀。

8 调入盐和老抽，翻炒均匀，至上色入味即可出锅。

烹饪秘籍

这道菜好做又好吃，超级下饭，剩下的肉末豇豆吸足汤汁，第二天还可以用来拌面、卷饼、夹馒头，都是极好的。

🥄 豇豆富含蛋白质、维生素和少量胡萝卜素。很多人做豇豆时喜欢干煸，虽然吃着香，但是比较单调，所以最好还是加点肉末一起炒。

这一餐吃饱了再减肥吧

台式肉臊

⏱ 70分钟　🍲 中等 ▰▱▱▱

主料

猪肉末200克 | 紫洋葱1个
煮鸡蛋1个

辅料

干香菇5朵 | 生抽1汤匙
老抽1汤匙 | 料酒1汤匙
盐适量 | 白糖1汤匙 | 油适量

▮▮▮▮▮▮▮▮▮▮ **用对锅做好菜** ▮▮▮▮▮▮▮▮▮▮

不粘锅炒肉酱可好用了，哪怕有事离开几分钟，就让它小火咕嘟着，也不怕煳锅。

做法

1 干香菇用温水泡发好，沥干水分，切成碎末。

2 洋葱剥去老皮，切成碎末。

3 不粘锅热锅冷油，下入香菇碎，小火慢炒出香味。

4 肉末下入锅中，加入生抽和料酒，翻炒至变色。

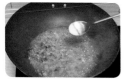

5 加入足量清水没过肉末一倍，加入老抽、盐和白糖大火煮沸。

6 水煮蛋冷却后，剥去外壳备用。

7 水沸腾后，下入洋葱碎和剥了壳的煮鸡蛋。盖上锅盖，小火煮半小时左右。

8 肉末和鸡蛋都入味后，打开锅盖，让汤汁收得干一些就可以关火了。吃的时候可以将鸡蛋切开两半。

烹饪秘籍

正宗的台式肉臊需要使用炸过的红葱头碎末，红葱头不易购买，使用常见的洋葱来替代，味道也不错。

台式肉臊滋味浓郁，连汤带肉，再配以卤蛋和青菜，既能拌面又能做盖浇饭，是一道老人小孩都爱的超级美味。

🔍 蚂蚁上树因肉末贴在粉丝上，形似蚂蚁爬在树枝上而得名。这道菜以粉丝为主，肉末为辅，看似不起眼，却格外好吃。

方便易做的川味家常菜

蚂蚁上树

⏰ 30分钟　　😋 中等 ▰▰▰▱▱

主料
粉丝适量 | 猪肉末100克

辅料
大蒜5瓣 | 小葱1根 | 姜1块
芹菜少许 | 郫县豆瓣酱1汤匙
油适量

用对锅做好菜

粉丝富含淀粉，非常容易粘锅。为了不给自己找麻烦，但凡涉及肉末、富含淀粉类的菜，用不粘锅做更保险。

做法

1 粉丝用温水浸泡20分钟左右，泡至用手掐断没有硬心即可。

2 用干净的剪刀将粉丝剪断，不要剪太碎，夹起来不会扯太长就可以了。

3 葱姜蒜和芹菜全部切成碎末，放在一旁备用。

4 热锅冷油，下入葱姜蒜末和芹菜碎炒香。

5 加入郫县豆瓣酱炒出红油，然后下入肉末翻炒上色。

6 锅中倒入适量清水，水沸后下入粉丝，大火煮几分钟，至汁水收干即可。

烹饪秘籍

这道菜最好选用绿豆淀粉制成的龙口粉丝，它更细，所以也更容易入味。红薯粉和土豆粉偏粗，烹饪时也更耗时一些。

野性十足的火爆湘西美食

土匪猪肝

⏱ 50分钟 　🍲中等

湖南湘西有一系列"土匪美食"，土匪猪肝就是其中的代表。大块的猪肝滑嫩又火辣十足，配上红辣椒和青蒜苗，可谓色香味俱全。还没出锅就已经香气扑鼻，让人馋得直流口水。

主料

猪肝1块 ｜ 青蒜苗适量

辅料

辣椒油1汤匙 ｜ 白酒少许 ｜ 盐适量
料酒2汤匙 ｜ 干辣椒5个 ｜ 生抽适量
白糖1茶匙 ｜ 淀粉少许 ｜ 姜1块
大蒜3瓣 ｜ 油适量

—————— **用对锅做好菜** ——————

在那口中式炒锅没养好之前，还是用不粘锅炒吧。猪肝腌得到位，鲜嫩多汁还不腥。

做法

1 将猪肝放入清水中，加入少许白酒浸泡约30分钟后洗净血水。

2 姜切片、蒜拍扁，青蒜苗斜切成段备用。

3 把猪肝改刀切成0.5厘米厚的片，然后加入盐、料酒和淀粉抓匀，腌制10分钟。

4 不粘锅烧热后倒入油，油量要比平时炒菜略多一些。油热后下入姜、蒜和干辣椒爆香。

5 加入猪肝大火爆炒至变色，调入辣椒油、生抽增色添香。

6 翻炒均匀后加入青蒜苗，炒至断生，最后加入盐和白糖调味即可。

烹饪秘籍

淀粉糊包裹着猪肝可以锁住它的水分，即使猛火炒制也能保持滑嫩的口感。不过淀粉多就容易煳锅，所以这道菜用不粘锅来制作再合适不过了。

口感和营养，一个都不能少

虾仁滑蛋

🕐 20分钟　　🍲 简单 ■■■

主料

虾仁10个｜土鸡蛋3个

辅料

盐1茶匙｜白胡椒粉1/2茶匙
料酒1汤匙｜牛奶2汤匙
橄榄油适量

|||||||| 用对锅做好菜 ||||||||

虾仁滑蛋鲜嫩的秘诀就是滑炒时
温度不宜过高，适合猛火快炒的
炒锅在这时就不那么合适了。不
粘锅的脾气更温和，炒出来口感
绝佳。

做法

1　虾仁放入碗中，加入料酒
和白胡椒粉抓匀，腌制10分钟
左右。

2　另取一个碗，打入鸡蛋，
加盐、白胡椒粉和牛奶搅拌
均匀。

3　不粘锅淋入橄榄油，可以
略多一些，小火将虾仁炒至
变色。

4　虾仁两面都变色了，将蛋液
倒入锅中。

5　趁蛋液还处于未凝固的半流
动状态时，翻炒几下，使蛋液
均匀受热。

6　炒到蛋液凝固，即可关火
装盘。

烹饪秘籍

想要虾仁滑蛋好吃，食材一
定要新鲜，否则怎么都做不
好。可以将冰冻虾仁提前解
冻，也可以买活虾剥出虾仁
备用。

港式茶餐厅里的虾仁滑蛋百吃不腻，是一道让人食之不忘的经典粤式菜肴。鸡蛋滑嫩、虾仁鲜嫩，二者搭配卖相上乘，营养也丰富。

青蟹炒年糕

🕐 25分钟　🍜 中等 ■■□□

用对锅做好菜

不论是中式炒年糕还是韩式炒年糕，大家都一致喜欢用不粘锅。做完饭清理时也没有压力，稍微一冲就干净了。

主料

青蟹1只｜年糕1条

辅料

小葱1根｜盐1茶匙｜油适量
姜1块｜大蒜3瓣｜料酒1汤匙

做法

1 螃蟹洗净，去掉蟹心和蟹鳃。蟹壳剥开后，将螃蟹对半斩开备用。

2 年糕切成薄厚适中的片，即三四毫米厚。

3 姜切片，大蒜拍扁，小葱留葱绿部分，切成葱花，葱白部分切成段。

4 炒锅烧热，倒入适量油，油量可以比平时炒菜略多一些。下入葱段、蒜瓣和姜片小火爆香。

5 下入青蟹大火翻炒，炒到蟹壳变色时转小火，下入年糕继续翻炒。

6 调入料酒和盐，翻炒均匀，至年糕变软即可关火，装盘后撒上葱花装饰就可以了。

烹饪秘籍

处理螃蟹时，可以先用绳子绑住螃蟹，用一只筷子从螃蟹的口中插进去，用力搅动几下，螃蟹几分钟后就会死掉了。

青蟹价格适中，营养也丰富。搭配年糕同炒，青蟹的滋味被年糕吸得足足的，很有风味。也不知道谁是主角，只能说它们相辅相成吧。

CHAPTER 3

平底煎锅

- 如果你是西餐爱好者，那你一定要购入一口平底煎锅，最好是带有不粘涂层的。情人节的时候，守着一口锅为爱人煎一块牛排，带着"火燎味"的牛排一定让爱人赞叹不已。

- 平底煎锅当然不只能煎，不论是烙春饼、加热帕尼尼、做厚蛋烧，你都会用得上这口锅。尺寸上看，最小的平底煎锅不过巴掌大，有心形、五角星形，甚至米老鼠形，不管什么形状，煎一只鸡蛋都正正好好。再大一些的煎锅直径约20厘米，煎牛排或者烙春饼都合适；直径30厘米以上的煎锅可以用来做煎饺、水煎包，或者低温下用橄榄油炒炒时蔬都可以。

- 如果要我推荐一款平底煎锅，那么你一定要选直径25厘米左右、带有不粘涂层和防烫手柄的，还一定要有一个钢化玻璃盖，便于好好观察食物的状态。

在家轻松做西餐

蒜香煎牛排

⏰ 30分钟　🍽️中等 ■■■□□

主料

肉眼牛排1块

辅料

盐适量｜现磨黑胡椒适量
橄榄油少许｜黄油10克
迷迭香1枝｜大蒜3瓣

|||||| 用对锅做好菜 ||||||

有了一块上好牛排，当然要用滚烫的锅子去煎香它。天啊，牛排那层焦香的脆壳，包裹了多汁的牛脂、肉香，是时候露一手了。

做法

1　将牛排完全解冻，用厨房纸巾吸干表面的水分。

2　在牛排两面撒上适量盐和黑胡椒碎，用手稍加按摩抹匀，腌制15分钟左右。

3　平底煎锅烧热至微微冒烟，淋入适量橄榄油。放入牛排大火煎，一面上色后立即翻面煎另一面。

4　牛排两面都均匀上色后，用夹子夹起牛排，将侧面也煎熟"封边"。

5　转成小火，放入黄油、迷迭香和大蒜瓣煎出香气。

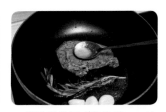

6　黄油融化冒出泡泡后，一边煎一边用勺子将煎出的汤汁淋在牛排上。牛排两面各煎1分钟左右即可切开享用了。

烹饪秘籍

你一定被牛排的名字弄得眼花缭乱了，其实菲力就是牛里脊，瘦肉多脂肪少；西冷是牛外脊，含有一定的肥油，口感厚实有嚼劲；肉眼是牛肋肉，肥瘦兼具，脂肪含量与口感最为平衡，是吃货无法抗拒的诱惑。

煎牛排看似简单，其实非常考验功力，不过只要掌握了"公式"，那绝对是事半功倍的。和另一半独处时，备上一份牛排、一杯红酒，好好享受浪漫时刻吧。

减脂又好吃

蒜香蜂蜜煎鸡胸

⏱ 70分钟　🍲 中等

🔍 想要减肥又想安抚一颗想吃肉的心，那么减肥界的优秀选手——鸡胸肉便是你的最佳选择。用少量调料腌制入味，用最少的热量烹饪出最好吃的减肥餐。

主料
鸡胸肉200克

辅料
大蒜3个 ｜ 蜂蜜1汤匙 ｜ 蚝油1汤匙
生抽1汤匙 ｜ 油少许 ｜ 盐少许
黑胡椒粉少许

做法

1　鸡胸肉洗净，剔去筋膜，横向剖成两片。

2　大蒜拍扁，和蜂蜜、蚝油、生抽、盐和黑胡椒粉一起放入大碗中，将鸡胸肉抓匀，腌制15分钟左右。

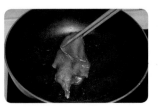

3　平底锅刷上薄薄的一层油，将腌好的肉片均匀铺在锅中。

4　小火将鸡胸肉煎至两面金黄，可以多翻动几次使鸡胸熟透即可盛出。

用对锅做好菜

减脂餐重在少油，所以煎鸡胸时绝对首选不粘锅。小火慢煎至鸡胸金黄，想怎么翻就怎么翻。

烹饪秘籍

对热量摄入有更严格要求的健身者，可以减少调味料的用量和种类。蜂蜜、蚝油这些重口味的调料都别放了，只要盐、蒜和黑胡椒粉也一样能腌制入味。

浓浓西西里风情

香煎带子

⏱ 10分钟　🍲 简单 ■■■□□

🔍 带子是物美价廉的海产品，蒸、炒、煎皆宜。新鲜的带子口感柔韧，味道鲜甜，是一道非常出众的料理。

主料

带子6个

辅料

橄榄油1汤匙｜海盐少许
现磨黑胡椒少许｜欧芹碎少许

● ● ● ● ● **用对锅做好菜** ● ● ● ● ●

煎带子的具体时间要根据带子的大小和不粘锅的火力而定，带子肉透明的就比较生，变白了就熟了。

● ● ● ● ● **烹饪秘籍** ● ● ● ● ●

香煎带子是一道看起来简单而又贵气的菜，烹饪手法没什么变化，但只要好好摆盘，装饰上一些沙拉菜叶，就是一道大菜。

做法

1 带子取出解冻，用厨房纸巾擦干表面的水分。

2 平底煎锅烧热，淋入橄榄油。

3 油温热后，放入带子中小火煎制，每面各煎2分钟左右。

4 带子变得金黄焦香时关火取出，撒入海盐、现磨黑胡椒和欧芹碎即可。

强烈推荐的带鱼做法

香煎带鱼

⏱40分钟　🍽中等 ▰▰▰▱▱

主料

带鱼400克

辅料

大葱丝适量｜姜丝适量
花椒粒少许｜白酒2汤匙
五香粉2茶匙｜盐适量
油适量｜面粉50克

‖‖‖‖‖‖‖ **用对锅做好菜** ‖‖‖‖‖‖‖

再没有比不粘锅更能好煎鱼的
锅了，平底的不粘锅省油，还能
让带鱼均匀受热，就是大厨也是
喜欢用不粘锅煎鱼的。

做法

1 带鱼去掉头尾、鱼鳍和内
脏，清洗干净后擦干水分。

2 带鱼中加入大葱丝、姜丝、
花椒粒、五香粉和盐，抓匀后
倒入白酒腌制半小时左右。

3 腌好后，将腌制带鱼的配料
挑出来，留下腌好的带鱼。

4 找一个干净的保鲜袋，放入
约50克面粉。

5 将腌好的带鱼也放入袋中，
袋口系紧后用力晃动袋子，使
面粉充分包裹在带鱼上。

6 平底锅烧热，倒入足量
油，用中小火将带鱼煎至两面
金黄即可。

烹饪秘籍

带鱼肉质软嫩，所以煎带鱼时不
要频繁翻动，一面煎好定形后
再煎另一面，这样煎好的带鱼
不易碎。

带鱼身体扁扁的，只有一根长长的骨刺，唇齿轻轻一抿，肉刺就分离了。爱吃鱼的人对于带鱼绝对怀有一种不一样的情怀。

豆腐是百变又百搭的食材，做法也非常多样。煎至金黄再淋上浓郁酱汁，即便简朴的食材在宴客时也能拿得出手。

浇汁煎豆腐

⏱ 20分钟　🍜简单

主料
老豆腐1块

辅料
淀粉1汤匙｜生抽2汤匙｜白糖1茶匙
盐适量｜小米椒2个｜熟白芝麻少许
香菜1棵｜油适量

‖‖‖‖‖‖‖‖‖‖ 用对锅做好菜

煎豆腐之前一定要把不粘锅刷干净，锅中任何的污渍都是粘着点，豆腐粘住就很容易煎煳或者煎碎。

做法

1 小米椒切圈，香菜切成碎末。

2 老豆腐切成约5厘米见方，1厘米厚的片备用。

3 平底锅加入适量油烧热，把老豆腐一片片排入锅中，煎至两面金黄。

4 将淀粉、生抽、白糖和盐放入小碗中，加入小半碗清水搅拌成酱汁。

5 淀粉完全溶解后，将酱汁倒入煎豆腐的锅中。小火加热，使每块豆腐都裹上酱汁。

6 酱汁变得黏稠即可关火，将豆腐盛出摆盘，撒上小米椒圈、香菜碎和熟白芝麻点缀。

烹饪秘籍

豆腐有很多种类，嫩豆腐也叫南豆腐，含水量大，比较滑嫩，适合用来炖汤或者红烧；老豆腐也叫北豆腐，含水量较少，更适合油煎。

嫩绿色的"小春日和"
老北京糊塌子

⏱ 35分钟　🍲 简单 ■■

主料

西葫芦1个 | 鸡蛋2个

辅料

面粉适量 | 盐1茶匙 | 油少许

用对锅做好菜

西葫芦、鸡蛋和面粉调成糊，舀起一勺倒入锅中，一手拿锅晃匀，让面糊在平底锅中烙成软饼。选对了锅，操作起来就是这么简单。

🍴 北京的特色美食不少，可像烤鸭、豆汁儿、焦圈儿这些，只有身处在这个城市里才能品尝到最地道的味道。不想出门，不用排队，不想为了一道吃食费尽周折，那么就试试老北京的糊塌子吧。用最简单的家常食材就能品尝到老北京的风味。

做法

1 西葫芦洗净，连着皮一起用工具擦成细丝，放入大碗中备用。

2 在西葫芦丝中加入1茶匙盐，抓匀后静置10分钟左右。

3 西葫芦变软且水分析出后，在碗中打入2个鸡蛋并搅拌均匀。

4 少量多次在碗中加入面粉，搅拌至无颗粒的顺滑的糊状后，再次静置10分钟。

5 平底锅烧热，淋入少许油并抹匀。

6 油变得温热时倒入适量面糊，摊平后小火煎至两面金黄即可。

烹饪秘籍

糊塌子可以直接吃，也可以蘸着醋蒜汁一起吃，各有各的风味。蒜末和适量醋混合均匀，放在小碟子里，任君蘸取。

蕾丝一般晶莹剔透

冰花煎饺

🕐 60分钟　🍚 高级 ▰▰▰

主料

饺子皮适量 | 猪肉末200克

辅料

大葱1根 | 盐适量 | 生抽1汤匙
面粉1汤匙 | 盐1/2茶匙
植物油1汤匙

▨▨▨▨▨▨▨ **用对锅做好菜** ▨▨▨▨▨▨▨

面粉做的冰花倒扣在盘子里，影影绰绰，可以看见下面的饺子。如果不是用了不粘锅，就是费九牛二虎之力，也别想做出这么好看的冰花。

做法

1　大葱切碎，和猪肉末放入大碗中，加入盐和生抽后，朝着一个方向搅打成饺子馅。

2　取一勺饺子馅放在饺子皮中间包紧，可以适量多放些肉馅，这样包出来的饺子圆滚滚的更好看。

3　用蒸锅将饺子蒸熟备用。

4　取1汤匙面粉放入小碗中，加入1/2茶匙盐、1汤匙植物油和小半碗水，一起搅拌成芡汁。

5　平底不粘锅烧热，薄薄刷上一层油，将蒸熟的饺子均匀摆好，中火煎至表皮金黄。

6　再次搅拌芡汁使水油均匀，将芡汁淋入锅中。

7　转大火并盖上锅盖，让锅中的芡汁凝结成冰花状。

8　关火。取一只干净的盘子倒扣在锅上，就可将冰花煎饺完整取出了。

烹饪秘籍

将饺子摆入锅中时，可以根据盘子的大小适当调节饺子之间的距离。饺子紧凑些，冰花就会少，如果想要冰花更多，就在饺子之间多留些空隙吧。

煎饺，我们每个人都再熟悉不过了，冰花煎饺的样子可要别致得多。一盘煎饺被一张晶莹剔透的"蕾丝"连在一起，这大概是专门给小仙女准备的食物吧。

让人迫不及待想大吃一顿
老上海生煎包
⏰90分钟　🍲高级 ▰▰▰

主料

猪肉末500克｜面粉适量
猪皮冻适量

辅料

大葱1根｜酵母1茶匙｜小苏打1克
黑芝麻少许｜小葱葱花少许
生抽2汤匙｜料酒1汤匙｜蚝油1汤匙
盐1茶匙｜白糖少许｜油适量

---------- **用对锅做好菜** ----------

用不粘锅煎生煎包不用间隔太大，即使挨着摆放，蒸熟后也不会粘在一起。因为油热后会朝上冒泡，自然会给包子裹上一层油，避免包子粘在一起。

做法

1　面粉、酵母、白糖和小苏打一起倒入一个大碗中，少量多次加入温水，揉成一个柔软不粘手的面团。

2　手上抹少许植物油，均匀涂抹于面团四周。盖上湿布，将面团放在温暖的环境下发酵半小时左右。

3　面团发酵期间，取大葱的葱白切成碎末，猪皮冻也切碎，和猪肉末、生抽、料酒、蚝油、盐一起搅拌均匀，朝一个方向搅打上劲。

4　面团醒好后，再次揉匀排除空气。分成大小均等的剂子，每个剂子的大小跟新疆大枣的个头差不多就好。

5　将剂子擀成和饺子皮大小薄厚差不多的包子皮，中间厚一些、四周薄一些。

6　取适量肉馅，包成包子。尽量压实，不要包进太多气体。

7　平底锅锅底和四周刷上适量油，将包子收口朝下摆放整齐，静置半小时，等待面皮二次发酵。

8　看到包子膨胀后，开中小火煎两三分钟直至底部焦黄上色。

9　在锅中淋入适量清水，水没过包子一半的高度，盖上锅盖，中小火慢煎。

10　待锅中有油爆声，撒适量葱花和黑芝麻再煎1分钟左右，底部再次变得焦脆即可。

烹饪秘籍

生煎包的底部一定得煎得金黄，掌握好火候最重要，如果底厚而焦煳就失败了。

生煎包是流行于江浙一带的特色传统小吃，皮酥、汁浓、馅香，满满一锅生煎包子，大小适中，个个饱满，一咬一嘴汤汁。

香味飘满屋

脆皮韭菜盒子

⏰ 60分钟　🍳 高级 ▬▬▬

〰〰〰〰〰〰 **用对锅做好菜** 〰〰〰〰〰〰

电饼铛绝对是烙饼的好帮手。如果不想家里买一堆不常用的小家电，那用不粘锅全程小火慢煎也是一样的。

主料

面粉适量

辅料

韭菜1把 ｜ 鸡蛋2个 ｜ 盐适量
油适量

做法

1 面粉放入大盆中，少量多次加入清水，和成软硬适中的面团，盖上保鲜膜醒发20分钟。

2 鸡蛋在碗中打散；韭菜洗净，择去老叶，切碎备用。

3 平底锅烧热，倒入少许油，下入鸡蛋液炒成碎末。

4 将鸡蛋碎和韭菜碎混合均匀，加入适量盐调味。

5 取出醒好的面团，揪成乒乓球大小的剂子。

6 将剂子擀成适宜的大小，放入韭菜鸡蛋馅后两面合上，对齐包紧。

7 平底锅再次烧热，放少量油，放入韭菜盒子，小火烙至底部焦黄上色。

8 另一面也上色后，可以盖上锅盖，小火焖1分钟。多翻几个来回，馅料和外皮都熟透即可关火盛出。

烹饪秘籍

韭菜鸡蛋拌馅属于素馅，没有肉做媒介的馅料不容易黏合。想要馅料混合均匀、包的时候不散开，炒鸡蛋的时候就要尽量炒碎，能弄多碎就弄多碎。

韭菜盒子总有一种妈妈的味道，韭菜盒子表皮金黄酥脆，馅料韭香扑鼻，刚出锅、略微烫口的时候最好吃。

南瓜糯米饼

⏰ 45分钟　🍴简单 ■■□□□

用对锅做好菜

用不粘平底锅做南瓜糯米饼，即使是厨房小白也会零失败。南瓜糯米饼可以做早餐，好吃又好看。咬上一口，比鸡蛋饼软糯，比玉米饼香甜，保准你的家人都会爱上它。

主料
南瓜1块

辅料
白糖2汤匙 | 糯米粉适量
油少许

做法

1 南瓜削去外皮，挖出南瓜子后切成大块。

2 南瓜放入大碗中，盖上保鲜膜，上锅大火蒸熟。

3 用筷子戳一戳南瓜，能轻易穿透就可以关火取出。

4 趁热放入白糖拌匀，用勺子将南瓜压成南瓜泥。

5 少量多次在南瓜泥中加入糯米粉，一边加一边搅拌成不粘手的面团。

6 将南瓜面团分成小份，用手揉圆再拍扁。

7 不粘平底锅烧热，淋入少许油，将糯米饼放入。

8 一面煎至金黄定形后，翻转再煎另一面，全程小火慢煎，熟透即可装盘。

烹饪秘籍

蒸熟的南瓜泥和上糯米粉，还能包上不同的馅料。馅料的选择可甜可咸，豆沙、芋头、奶酪都可以。

南瓜的营养成分较全，营养价值也高。常吃南瓜可通肠润便。南瓜中还富含胡萝卜素，在人体内可转化为维生素A，有护眼明目的功效。

奶香浓郁的经典西式早餐

法式厚吐司

⏱10分钟　🍚简单 ▰▰▱▱▱

|||||||||| **用对锅做好菜** ||||||||||

裹满蛋奶液的厚切吐司放入热锅中，刺啦一声，香气瞬间迸发出来，让人闻着就满心欢喜。

主料

厚吐司2片

辅料

鸡蛋1个 ｜ 牛奶100毫升
黄油20克 ｜ 果酱适量

做法

1　鸡蛋磕入大碗中，顺着一个方向搅打均匀。

2　蛋液中加入牛奶，再次打成均匀的液态。

3　将吐司片放入蛋奶液中浸泡，使两面都裹满蛋奶液。

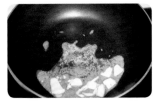

4　平底锅加热，小火将黄油融化。

5　放入吐司片，小火煎至表面金黄后翻转煎制另外一面。

6　吐司两面都煎到金黄，即可关火盛入盘中，取适量果酱放于吐司上，风味更佳。

烹饪秘籍

想让吐司更入味，可以把厚吐司浸入蛋奶液中，放入密封袋里冷藏过夜。吸足蛋奶液的吐司会变得很绵软，煎的时候要更小心些。

虽然有一个中国胃，但天天吃中式早餐也有吃腻的一天。不如换换口味，做一份绵软的西式早餐吧。

一口咬下去，心满意足

牛肉帕尼尼

⏰ 45分钟　🍲 高级 ▬▬

―――――― 用对锅做好菜 ――――――

制作帕尼尼有专门的烘烤机，不过家里难得吃上一两次，还是用不粘锅来热一热吧。

主料

法式面包1个 | 牛肉末适量

辅料

奶酪片1片 | 盐适量 | 黑胡椒粉适量
黄油10克

做法

1　牛肉末放入大碗中，加入盐和黑胡椒粉抓匀。

2　平底锅烧热，放入黄油小火融化。

3　取适量牛肉馅，用手团成肉饼状，大小和面包的切面差不多就好。

4　将肉饼放入锅中，煎至两面焦黄。

5　取一片奶酪片放在肉饼上，沿锅边淋入少许清水，盖上盖子，小火焖几分钟让肉饼变熟、奶酪融化。

6　将法式面包剖开上下两半，把煎好的奶酪肉饼夹在中间。

7　平底锅再次洗净，擦干水分。

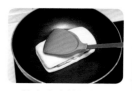

8　放入牛肉帕尼尼，用锅铲压制，小火将面包加热即可。

🍳 烹饪秘籍

选择八分肥两分瘦的牛肉，绞成牛肉末，这样做好的牛肉饼煎熟后会产生比较多的汁水，口感不会太干柴。

帕尼尼是意大利传统三明治，结合着传统的美味与新鲜的食材，健康又便利。比汉堡热量更低，不给身体增添额外的负担。

带上便当去野餐

滑嫩厚蛋烧

⏱ 20分钟　🍲 中等 ▪▪▪

―――――――― **用对锅做好菜** ――――――――

专门做这道菜的锅是小小见方的厚蛋烧锅，有不粘涂层的更好操作。如果你只是偶尔做一下，可以用不粘平底锅来代替。

主料

鸡蛋3个｜牛奶50毫升

辅料

白糖1汤匙｜盐少许｜油适量

做法

1 鸡蛋打散，加入牛奶、盐和白糖搅打均匀。

2 厚蛋烧锅烧热，刷上薄薄一层油，全程小火加热。

3 在锅中倒入蛋液，趁蛋液未凝固，搅拌成滑蛋状态。

4 将滑蛋铲到锅的最前边，第二次倒入蛋液。

5 蛋液半凝固时，慢慢将最前边的滑蛋朝着自己的方向向下卷起来。

6 厚蛋烧锅中刷入少许油，再重复倒入第三层蛋液和第四层蛋液，然后卷起来。

7 利用锅里的余温，用锅铲不断挤压厚蛋烧，将它整理成四面见方的形状。

8 厚蛋烧做好后取出凉凉，切成约一指宽的段即可。

烹饪秘籍

以基础厚蛋烧为原型，可以在蛋液中加入蔬菜末、肉松或奶酪等食材，变化出不同口味的厚蛋烧。

常被日剧里餐桌上的各种美食打动，守在屏幕前垂涎欲滴。最常见的美食就是厚蛋烧了吧，据说是每位日本主妇必须会做的一道料理。

CHAPTER 3 平底煎锅

可丽饼起源于法国布列塔尼海岛，这种薄薄的煎饼并不奢华，甚至可以说是极具平民特色。法国人把2月2日定为"可丽饼日"，其实只要你喜欢，每天都是你的"可丽饼日"。

一定不会失败的乳香可丽饼

巧克力酱可丽饼

⏰ 35分钟　　🍽 简单 ▰▱▱

主料

鸡蛋1个｜面粉80克

辅料

牛奶200毫升｜黄油10克
白糖1汤匙｜巧克力酱少许

〜〜〜〜〜〜〜〜 **用对锅做好菜** 〜〜〜〜〜〜〜〜

煎可丽饼有一种单独的煎锅，边更矮，底部非常平，有不粘涂层的更好操作。当然也可以用不粘平底锅来代替。

做法

1 黄油放在小碗里，隔水融化成液体。

2 黄油中加入牛奶、鸡蛋和白糖，搅拌至糖完全溶化。注意温度不要过高，防止蛋液凝固。

3 面粉过筛，也倒入蛋奶液中。一边倒一边搅拌，使面粉和蛋奶液更好地融合在一起。

4 用筛子过滤几次，尽量把没有散开的面团滤去。这样做出来的可丽饼口感更细腻。

5 平底不粘锅烧热，倒入适量面糊，用中小火煎制。底面冒起很多气泡就可以翻转煎另一面了。

6 煎好的可丽饼对折两次放入盘中，淋上少许巧克力酱就完成了。

烹饪秘籍

煎可丽饼时，可以一手舀面糊到锅中，另一手握住锅柄转动手腕，使面糊均匀平铺在锅底。火不宜太大，面糊也不宜太多，多试验几次就能找到最佳的平衡。

一招搞定少油健康蛋
完美单面煎蛋

⏱ 5分钟　🍲 简单 ■■□

✏️ 大部分人的早餐都会有一个鸡蛋，可能是整个煮的，隔水蒸的，也可以用油煎。如果想要健康，不妨用平底锅做个少油煎蛋吧，堪称完美。

主料

鸡蛋1个

辅料

橄榄油少许

用对锅做好菜

用迷你不粘小煎锅，鸡蛋磕下去，蛋白刚好铺满锅子。这么圆的煎蛋可以治愈任何强迫症。如果将蛋白、蛋黄分开放入锅中，还能将蛋黄正正好好放在中间。如果没有迷你煎锅，用普通的平底不粘锅也一样能煎出好吃的蛋。

烹饪秘籍

单面煎蛋滑滑嫩嫩，盛到盘子里还会抖一抖。如果你喜欢全熟的蛋，不妨再翻面用锅里的余温闷上几分钟。

做法

1 平底不粘锅烧热，倒入几滴橄榄油。

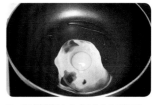

2 在橄榄油上打入1个鸡蛋。动作尽量轻柔，保持鸡蛋的完整。

3 在鸡蛋旁边淋入2汤匙清水，转大火使水冒出大气泡。

4 听到咝咝的水声时迅速关火并盖上锅盖，将鸡蛋闷2分钟左右即可。

CHAPTER 4

蒸锅

- 中国古代就发明了"甑"，利用蒸汽将甑中的食物烹熟。常见的蒸锅大多是不锈钢的，锅体光泽亮度好，厚实的不锈钢锅体非常耐用，如果带有复合底，电磁炉也适用。

- 蒸锅能够均匀加热，水蒸气在锅内循环往复，可以使蒸锅内部的温度一致，让食物受热均匀，不会发生夹生的情况。用蒸锅做菜还有一个好处——蒸屉一层层摞起来，可以同时做多道菜，一起出锅，避免了新菜上桌时上一道菜都凉了的尴尬。

- 每个厨娘可能都或多或少有那么几次烧干锅的情况吧，你的厨房里还需要一个小小的定时器，设定好时间，它会贴心提醒你该关火啦。

喷香松软，让人停不下来
黑芝麻花卷
🕐 120分钟　🍽 高级 ▬▬

用对锅做好菜

中国人对蒸锅拥有格外的情怀，主食、蔬菜、肉类都可以上锅蒸一蒸，健康又少油。

主料
面粉200克｜黑芝麻酱适量

辅料
酵母2克｜细砂糖18克

做法

1 面粉、酵母和细砂糖放入大盆中，慢慢加入清水，用筷子搅拌成絮状。

2 将面粉揉成软硬适中的面团，盖上保鲜膜静置15分钟。然后再次将面团取出揉匀，盖上保鲜膜静置15分钟。

3 将面团压扁，擀成一张长方形的面饼，厚度为三四毫米。

4 取适量芝麻酱，均匀抹在面饼下方2/3的部分，左右和下方的边缘各留出1厘米的距离便于收口。

5 先将没有抹芝麻酱的上1/3面饼折下来，再将下1/3的面饼盖上。

6 将面片反转，收口向下放置。用擀面杖小心地将面片稍微压合，擀薄一些。

7 将面片切成约两指宽的粗条，取两个粗条上下叠起来，然后用筷子从中间压下去，使两侧翘起来。

8 用手抓着两头，将面拉得细长一些。两手向相反的方向扭转，使面变成麻花状后，头尾收在一起即可。

9 做好的花卷放在屉布上醒发15分钟左右，注意花卷会膨胀，所以相互之间要留有一定距离。

10 花卷发酵膨胀至2倍左右大，冷水上锅，蒸15～20分钟即可。

烹饪秘籍

蒸好花卷之后不要急于掀开锅盖，闷5分钟左右再打开，这样做出来的花卷才能最大限度保持饱满，不会塌陷。

黑芝麻花卷胖嘟嘟、圆滚滚的，有着大理石一般的纹路。比起没滋没味的馒头，花卷更受家里小孩的喜爱。

小笼杂粮蒸

🕐 40分钟　🍲 简单 ■■□

🥄 天气不冷不热的时候，和朋友一起聚会最适合端上一笼蒸杂粮。紫薯、黏玉米、土豆、芋头、山药……无论大人小孩都会抢着吃，抢着吃的食物最香。

主料

黏玉米1个 ┃ 山药1/2根
贝贝南瓜1/2个 ┃ 紫薯1个

用对锅做好菜

可以先用大蒸锅蒸熟，大蒸锅火旺、蒸汽足，杂粮在里面熟得更快。上桌时换上小笼，就可以拍照发朋友圈了。

做法

1 玉米洗净，剥去外皮，剁成约两指宽的段。

2 山药洗净，切成长度均等的长段。

3 贝贝南瓜洗净、去子，切成大块。

4 紫薯洗净，切成大块。

5 将所有的杂粮整齐码放在蒸屉上，冷水上锅。

6 大火将杂粮蒸30分钟左右，变得软烂即可。

烹饪秘籍

蒸杂粮的时间稍微长一些，所以一定要保持锅底的水足够多，防止大火一直猛烧导致干锅。

温柔雅致的家宴必备菜

珍珠丸子

⏱ 80分钟　🍚中等
（不含浸泡时间）

🔖 珍珠丸子是过年过节时餐桌上必不可少的一道菜。丸子寓意着团团圆圆，一家人就要整整齐齐才好。

主料
糯米适量｜猪肉200克

辅料
姜汁少许｜淀粉2汤匙｜盐适量

‖‖‖‖‖‖‖‖ 用对锅做好菜 ‖‖‖‖‖‖‖‖

蒸好的糯米软糯黏牙，当然也会粘在蒸锅上。所以也可以在盘子上薄薄涂上一层油，再将珍珠丸子放进去上锅蒸。

做法

1　糯米洗净，提前用清水浸泡2小时备用。

2　选取肥瘦相间的猪肉剁成肉末，加入姜汁搅拌均匀。

3　肉馅中加入适量盐和淀粉，用筷子顺着一个方向搅拌上劲，腌制半小时左右。

4　泡好的糯米捞出，充分沥干水分。

5　取1汤匙肉馅，用手团成丸子。然后将肉馅放入糯米中来回滚动几下，使丸子外层均匀裹上一层糯米。

6　蒸屉上涂抹少许油，所有丸子做好后，放入蒸笼。蒸锅上汽后，大火蒸15分钟左右即可。

🍳 烹饪秘籍

肉馅中可以根据个人喜好加入荸荠、香菇、虾仁、咸蛋黄等不同的食材，变化出不同风味的珍珠丸子。

101

白白胖胖，松软多汁

香菇酱肉包子

⏱90分钟（不含冷藏时间）　🍲高级 ▪▪▪▪

主料

面粉适量｜猪五花肉1块
洋葱1个｜香菇少许

辅料

酵母少许｜白糖适量｜姜蓉少许
老抽适量｜料酒少许｜大葱1根
甜面酱1汤匙｜黄豆酱1汤匙

‖‖‖‖‖‖‖‖‖ **用对锅做好菜** ‖‖‖‖‖‖‖‖‖

蒸包子要用大一些的蒸锅，几层蒸屉全部摆满，一起
上锅蒸熟。用卤过的肉丁包包子，贼香。胖嘟嘟的小
包子一出锅，秒光。

做法

1 锅中加入适量清水和
料酒，将五花肉冷水下
入锅中。

2 五花肉熟透后，捞出
冷却。将肥肉和瘦肉分
开，切成小肉丁。洋葱
和香菇也切成小粒待用。

3 炒锅烧热，先下入肥
肉丁翻炒，将肥油逼出
来。然后下入姜蓉、洋
葱丁、香菇丁和瘦肉丁
继续翻炒均匀，直至食
材断生。

4 调入甜面酱、黄豆
酱、白糖和老抽，继续
翻炒，黄豆酱本身就比
较咸了，馅料炒好后尝
一下味道，看是否还要
再额外加盐。

5 大葱切碎，拌入到
冷却好的肉馅中。将肉
馅放入冰箱冷藏1小时
以上，使肉馅的油分凝
固，这样包起来更省力。

6 面粉和酵母放入大
盆中，少量多次加入温
水，和成光滑的面团。
盖上保鲜膜醒发备用。

7 面团醒发至2倍大时，
取出，再次揉匀排气，
将面团擀成大小薄厚适
宜的包子皮。

8 取出肉馅，包成包子
后，放入蒸屉再次醒10
分钟左右。然后冷水上
锅，大火蒸15分钟，最
后关火闷5分钟再开盖，
这样蒸出来的包子不会
塌陷。

🏷烹饪秘籍

酱肉包子里放香菇可以提味，
不过香菇千万不要切得过于细
碎，大块一点嚼起来才过瘾。

香菇和猪肉是绝配，不论是炒、做卤都好吃，做包子馅也一样棒棒的。猪肉富含维生素和铁，可以使身体感到更有力气。

镇住场面的经典湖南菜
剁椒鱼头

⏱ 60分钟　🍲 中等 ▰▰▰▱

主料

鱼头1个｜剁椒2汤匙｜金针菇1把

辅料

姜末少许｜油少许｜蒜末适量
料酒1汤匙｜米醋1汤匙｜蚝油1汤匙
蒸鱼豉油3汤匙｜盐适量

‖‖‖‖‖‖ **用对锅做好菜** ‖‖‖‖‖‖

鱼头好大一个，对半剖开之后面积更是惊人。这么大个的鱼头，肯定要用个大盘子，再加上一口大蒸锅，才能摆得下。

做法

1　用适量盐将鱼头搓洗干净，腌制半小时左右去除腥气。

2　剁椒、姜末、蒜末按照5：1：2的比例混合均匀备用。

3　炒锅烧热，淋入少许油，放入剁椒姜蒜末翻炒均匀。

4　加入蚝油、蒸鱼豉油、料酒和米醋，炒成剁椒酱汁。

5　将金针菇切去老根后，均匀铺在盘底，然后摆上鱼头。

6　淋上炒好的剁椒酱汁，蒸锅上汽后放入锅中，大火蒸8~10分钟即可。

烹饪秘籍

剁椒本身就有咸味，因此在做剁椒酱时不需要再额外放盐了。将剁椒酱均匀铺在鱼头上，使鱼头的每一块都沾上这股子咸鲜热辣。

剁椒鱼头是传统的湖南菜，菜品色泽红亮、味道鲜辣、鱼肉细嫩，是食客心中的湖南十大名菜之一。

简单好吃，难度为零

清蒸鲈鱼

⏱30分钟　🍽中等 ■■■□□

主料

鲈鱼1条

辅料

料酒4汤匙 | 蒸鱼豉油4汤匙
红椒丝少许 | 姜丝适量
葱丝适量 | 食用油适量
盐适量

|||||||| **用对锅做好菜** ||||||||

蒸鱼最好待水沸后再上蒸锅，如果用冷水速度较慢，时间长了鱼肉容易变老，影响口感。

做法

1　将鱼的内脏处理掉，洗净后用厨房纸巾吸干水分。

2　用适量盐和料酒涂满鱼身，稍加按摩后腌制10分钟入味。

3　取部分葱姜丝，塞进鱼肚子里。

4　将鱼放于盘中，蒸锅中水沸后上锅，视鱼的大小蒸10～15分钟。

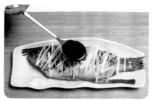

5　蒸好后，把盘子里多余的汁水倒掉。在鱼身上方摆上红椒丝和剩余葱姜丝，然后淋上蒸鱼豉油。

6　炒锅烧热，倒入适量油烧热。油热后淋在鱼背上即可。

烹饪秘籍

蒸鱼的时间要根据鱼的大小进行调整，如果拿捏不好，那么就观察下鱼眼睛吧，鱼眼睛鼓出来就说明鱼已经熟了。

鲈鱼肉质鲜嫩、口感清香没有腥味，鱼刺又很少，最适宜清蒸了，连老人小孩都可以放心吃。

🔍 蛤蜊蒸蛋有个别称叫"珍珠聚宝盆"，是广东地区年菜中的一道吉利菜。蛤蜊味道鲜美，蒸蛋滑滑嫩嫩，二者互相依托，营养丰富，老少皆宜。

用一道菜点亮餐桌

蛤蜊蒸蛋

⏱ 25分钟　🍲 简单 ▬▬□□

主料

鸡蛋3个｜蛤蜊适量

辅料

淡盐水适量

━━━━━━━ **用对锅做好菜** ━━━━━━━

过年时家里人多，几道菜同时做，灶就不够用了。这时候可以将几道蒸菜一同入锅，几笼蒸屉摞起来，也取个"年年高"的好兆头。

做法

1 蛤蜊洗净，放入淡盐水中浸泡一会儿，让它吐净泥沙。

2 汤锅中加入适量清水，将蛤蜊煮至开口。

3 煮好的蛤蜊水不要倒掉，过滤一下，放凉备用。

4 鸡蛋放入大碗中打散，加入蛤蜊水再次打匀，蛤蜊水和鸡蛋液的比例大约为1∶1。

5 取一个盘子，缓缓倒入蛋液过筛，然后撇去泡沫。

6 在蛋液中均匀摆放上煮熟的蛤蜊，盖上保鲜膜后上锅，中火蒸15分钟左右。

烹饪秘籍

煮蛤蜊的水是个宝，可千万不要全倒掉了。蛤蜊水有一种咸鲜的味道，能让蛋液的滋味更丰富。

尽全力留下全部营养
粉蒸蔬菜

⏱ 30分钟　🥄 简单 ▓▓▓░░

主料
胡萝卜1/2根｜芹菜叶少许

辅料
面粉适量｜玉米面少许｜盐1茶匙
蒜末少许｜生抽2汤匙

||||||| 用对锅做好菜 |||||||

蒸蔬菜时也可以不用盘子，在蒸屉上铺上一张柔软的蒸笼布。蒸笼布有孔隙，更透气，下层的蔬菜也不至于湿答答的。

🔍 南方人爱吃粉蒸肉，北方人爱吃粉蒸蔬菜。裹着面粉的蔬菜，经过蒸制变得异常柔软，能品尝到蔬菜最原始的味道。

做法

1 面粉和玉米面按照3：1的比例混合均匀。

2 胡萝卜洗净，擦成细丝；芹菜叶一片片择下，洗净后充分沥干水分备用。

3 少量多次将混合好的粉面撒到菜里，一边撒一边抓匀。

4 抓匀后，撒入盐调味，再次抓匀。

5 冷水起蒸锅，将粉蒸蔬菜放入。水沸后蒸15分钟左右即可。

6 小碗中加入蒜末和生抽，调成蘸汁，喜辣的也可以加入小米椒或油泼辣子，与粉蒸蔬菜一同上桌。

烹饪秘籍

玉米粉和面粉混合，不仅可以中和小麦面粉的黏性，还能有一股浓浓的玉米香气。即使是新手也能一举成功。

甘香爽滑，老少皆宜

肉饼蒸蛋

🕐 30分钟　🍚 简单 ■■□□□

主料

猪肉300克 ｜ 鸡蛋1个

辅料

小葱1棵 ｜ 料酒2汤匙 ｜ 胡椒粉少许
生抽2汤匙 ｜ 盐适量

ⅲⅲⅲⅲⅲⅲⅲ 用对锅做好菜 ⅲⅲⅲⅲⅲⅲⅲ

蒸肉饼没什么难度，对锅的要求也不高。可以用蒸锅
来做，也可以在电饭锅中放个小蒸屉来蒸肉饼。

做法

1 选取肥瘦相间的猪肉
洗净，用厨房纸巾擦干
水分。

2 将猪肉的肥肉和瘦肉
分开，分别剁成肉末。
肥肉的颗粒可以比瘦肉
稍大一些。

3 瘦肉末放入碗中，加
入生抽、料酒、胡椒粉、
盐和少许清水，朝着一
个方向搅拌至水分被肉
馅吸收。

4 在瘦肉馅中拌入肥肉
末，使肥瘦分布均匀。

5 将肉馅放入盘中，
用手轻轻推开，整理成
饼状，并在中间挖一个
小坑。

6 在肉饼的小坑中打入
1个鸡蛋，用保鲜膜将盘
子包紧。

7 蒸锅加入适量水，
水沸后将肉饼放入蒸锅
中，大火蒸10分钟左右。

8 小葱切成碎末，肉饼
蒸蛋出锅后，撒上少许
小葱末，淋上少许生抽
即可。

烹饪秘籍

肉饼装盘时切记不要用勺子将肉
饼按得又平又硬，要尽量保持
松散。这样肉饼中才能有足够
的空气，不会变得又干又硬。

蒸肉饼是简单易做的快手菜，只要食材准备好，甚至可以同米饭一起蒸熟。菜和饭同时出锅，即使赶时间，也能享用美美的一餐。

汁水渗入唇齿之间

荷叶糯米鸡

⏱ 90分钟（不含浸泡时间）　🍲 高级 ▬▬▬

主料

鸡腿1个 | 糯米适量 | 荷叶2张

辅料

干香菇少许 | 干贝少许 | 青豆少许
蚝油1汤匙 | 淀粉少许 | 料酒1汤匙
生抽3汤匙 | 盐适量 | 油少许

〰〰〰〰〰〰〰 **用对锅做好菜** 〰〰〰〰〰〰〰

糯米鸡可以一次多做些，放在冰箱里冷冻保存。想吃的时候拿出来上锅一蒸，又是香喷喷、软糯糯的。

做法

1 糯米洗净后，浸泡2小时备用。干贝和干香菇分别放入小碗中，加入清水泡发。

2 鸡腿去骨，将鸡腿肉剔下后切成适宜入口的块。香菇和干贝沥干水分后，切成小丁。

3 鸡腿肉加入料酒、生抽和淀粉抓匀，腌制15分钟左右入味。

4 用纱布包住糯米，沥干水分，放入蒸笼大火蒸30分钟左右。

5 炒锅烧热，淋入少许油，将腌好的鸡腿肉放入翻炒至断生。

6 倒入青豆、香菇丁和干贝碎继续翻炒均匀。下入蒸好的糯米饭，调入盐、生抽和蚝油，炒至均匀上色后关火。

7 干荷叶用清水泡软，取两张荷叶相叠在中间，放入适量糯米鸡饭。将荷叶四边分别向内折，包紧成正方形。

8 包好的荷叶糯米鸡收口向下放入蒸笼，蒸笼上汽后大火蒸30分钟左右即可。

🥢 **烹饪秘籍**

制作糯米鸡时要选择大而完整的荷叶，这样才能将食材紧紧包裹住。如果荷叶不够大，可以将内包的食材减半，制作成体积较小的"珍珠糯米鸡"。

糯米鸡是广东的特色点心，第一口，品尝到的是荷叶的清香；咀嚼时，糯米黏牙又带着鸡肉的肉香，让食客回味无穷。

- 汤锅的形制比较统一，几乎都是深膛大肚，容量大才能禁得住长时间炖煮。材质上常见的有玻璃汤锅、不锈钢汤锅、搪瓷汤锅等。除了材质区别之外，从功能上来说，玻璃材质的保温性能更好一些，还能兼具炖煮功能。尤其是康宁、宁乐美雅这些品牌，玻璃强度非常高，做菜时还能看到食材在锅中翻腾，给人一种极大的愉悦感。

- 根据汤锅的口径，搭配上适合的蒸屉就能摇身一变成为蒸锅。在小户型的厨房里，最适合这种一锅多用的器皿了。

比味精还要鲜香浓郁

高汤

⏱ 90分钟　🍜 简单 ■■□□

🔍 高汤是烹饪中常见的辅助原料，也是众多餐厅大厨做出美食的秘诀。在烹制菜肴时，用高汤代替清水，可以增鲜提味，使味道更浓郁。

主料
猪大骨棒1根 | 鸡架1个

辅料
鸡爪3只 | 姜5片 | 大葱白1段
料酒少许

━━━━━━━ **用对锅做好菜** ━━━━━━━

制作高汤炖煮时间长，最好选择又大又深的汤锅。这样经受住长时间的加热，才能熬出最浓醇的高汤。

做法

1 将猪骨棒、鸡架和鸡爪洗净血水，斩成大块。

2 汤锅加入适量冷水，将食材冷水下锅煮沸。

3 水沸后捞出食材，用清水冲洗干净。

4 汤锅重新洗净，放入汆烫好的食材，倒入足量清水并没过食材5厘米。

5 向锅中加入姜片、葱段和料酒，大火煮沸。

6 用勺子撇去锅边的浮沫，小火熬制约1小时，待汤汁变得浓郁奶白即可。

烹饪秘籍

吊高汤有一句秘诀：无鸡不鲜，无肘不浓，无骨不香，无水不纯。500克原料出500毫升汤，这才是高汤。在家里做饭不用这么讲究，平时做菜剩下的猪骨、鸡架等边角料不要浪费，用来吊高汤最好。

懒人的养生汤

莲藕排骨汤

⏱ 90分钟　🍴中等 ■■■□□

🔖 想对自己的肠胃好一点又怕麻烦，那么一定要试试炖一锅养生汤。秋天是采摘莲藕的季节，这个时候的莲藕既爽脆又粉嫩，最适合炖汤。

主料
猪排骨300克 | 莲藕1节

辅料
姜3片 | 料酒1汤匙 | 盐少许
白胡椒粉少许

|||||||||| **用对锅做好菜** ||||||||||

煲到莲藕粉糯就可以了，随便什么汤锅都行，就这么随意又简单，味道绝对能打动你。

烹饪秘籍

先煮藕不仅能让汤的味道更浓，也能让藕更软糯，不会造成排骨都快烂了，藕还是硬的。

做法

1 排骨斩成适宜入口的大小，莲藕洗净、去皮，切成滚刀块。

2 汤锅中加入适量清水，料酒和姜片，冷水将排骨下入锅中，水沸后撇去浮沫，捞出排骨备用。

3 汤锅洗净，再次加入足量清水。冷水将莲藕放入锅中，中小火炖煮20分钟。

4 排骨放入锅中，转小火炖煮1小时即可。汤炖好后再撒入少许盐和白胡椒粉调味。

清爽无负担的夏日快手汤
黄瓜蛋花汤

⏱10分钟　　🍚简单 ■■□

🍳 黄瓜蛋花汤是例清淡到骨子里的汤，没什么食欲的时候就做它吧，在厨房里忙活一小会儿就上桌了。

主料
荷兰黄瓜1根 | 鸡蛋1个

辅料
盐适量 | 水淀粉适量

.... **用对锅做好菜** ....

这款汤倒是对锅没什么限制，炒锅可以做，汤锅也可以做。快手的汤，根据用餐的人数匹配锅子的大小就行了。

做法

1 荷兰黄瓜洗净，用刮刀削成薄片。

2 鸡蛋在碗中打散备用。

3 汤锅中加入足量清水，大火煮沸后下入黄瓜片。

4 缓慢沿着锅边倒入适量水淀粉勾芡，边倒边搅拌，使汤变得有些浓稠。

5 水再次沸腾时，缓慢倒入打散的鸡蛋，并用筷子划散成蛋花状。

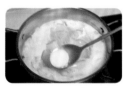

6 水再次滚开使蛋花熟透，关火，加入适量盐调味即可。

烹饪秘籍

蛋液倒入汤中，推动几下马上就变成了好看的蛋花。动作一定要快，利索一点儿，不要把蛋花搅成碎渣。

广式糖水

海带绿豆汤

⏱ 80分钟（不含浸泡时间） 🍲 简单 ▪▪▫▫

🔍 一锅甜甜的广式糖水煮好后放入冰箱中冷藏，冰冰凉凉，超级美味。海带绿豆汤是广东人从小喝到大的糖水，可以说是解暑糖水中的花魁。

主料

绿豆100克｜海带丝100克

辅料

冰糖适量｜陈皮少许

━━━━ **用对锅做好菜** ━━━━

对于北方人来说，咸味的海带和绿豆搭配在一起简直是黑暗料理。绿豆汤到底要不要放海带，喝过你就会完全放下争论。

🥄 **烹饪秘籍**

煲甜汤一定要在一开始加足水量，中途续水会影响味道，喝起来稀汤寡水的。

做法

1 绿豆洗净，用清水提前浸泡半小时左右。

2 用流动的清水将海带多洗几次，尽量将盐分去除干净。

3 汤锅加入足量清水，先将绿豆放入锅中，中大火炖煮约30分钟，直至绿豆开花。

4 倒入海带丝、冰糖和陈皮，水再次沸腾后转中小火，慢炖40分钟以上即可。

让口水流一会儿
小锅米线
⏱ 20分钟　🍜中等 ▎▎▎□□

主料

米线200克｜高汤适量

辅料

肉末适量｜韭菜2棵｜豆芽少许
酸菜少许｜盐适量｜生抽1汤匙
老抽少许

〰〰〰〰〰 **用对锅做好菜** 〰〰〰〰〰

昆明的米线店都是用带把的小铜
锅，一锅只能煮上一碗，谓之
"小锅米线"。灶上一只小小的铜
锅，咕嘟咕嘟，让人欢喜。

做法

1 汤锅中加入适量清水煮
沸，倒入米线煮5~8分钟。

2 米线煮软至没有硬心后捞
出，过凉水备用。

3 豆芽和韭菜洗净，将韭菜切
成和豆芽长短差不多的段。

4 汤锅洗净，加入高汤煮沸。

5 在锅中加入肉末、生抽、老
抽、酸菜、豆芽、韭菜，煮至
再次沸腾后，加入盐调味。

6 倒入煮好的米线，待锅中的
汤底再次沸腾即可关火。

> **烹饪秘籍**
>
> 昆明人认为小锅煮的米线才
> 好吃，凌晨时的小锅米线，
> 乍暖还寒时的小锅米线，带
> 给人温暖的回忆。米线稍微
> 加热就可以了，煮太久就烂
> 掉了。

米线是云南人几乎每天都要吃的主食，云南人爱米线已经到了可以从早吃到晚的地步。小锅米线是云南众多米线做法中最受喜爱的一种，它酸酸辣辣，让人口水直流。

一碗有灵魂的泡面

豪华泡面

⏱ 15分钟　🍲 简单 ■■□□□

🥄 方便面的吃法实在是太多了，煮方便面的时候加上自己喜欢的食材，青菜、鸡蛋、火腿肠、丸子……想怎么加料都可以。

主料
泡面1袋｜番茄1个｜水煮蛋1个

辅料
生菜少许｜牛肉丸2个｜奶酪1片

|||||||||| **用对锅做好菜** ||||||||||

煮泡面当然用小汤锅最好了，小汤锅够深，即使沸腾也不易扑腾得到处都是汤。小汤锅够小，一人份刚刚好。

做法

1 番茄洗净，切成适宜入口的滚刀块。

2 汤锅加入适量水，下入番茄煮软。

3 将泡面的调料包放入汤锅中，搅拌均匀后，下入牛肉丸。

4 牛肉丸浮起来后，下入面饼煮散。

5 生菜洗净，沥干水分，下入锅中快速烫至变色后关火。

6 将泡面倒入碗中，放上1片奶酪片和1个切开两半的水煮蛋就可以享用了。

烹饪秘籍

煮泡面时在锅底加入一个番茄，酸酸甜甜的，像在海底捞吃番茄火锅，连汤都想全部喝光，一滴都不剩。

从此不去奶茶店
自家锅煮奶茶

⏱ 10分钟　🍵 简单 ▪▪□

🔍 自制奶茶全都是真材实料，冷饮热饮都各有风情。当然你也可以根据喜好给奶茶加料，红豆、芋泥、布丁、水果……都可以加进来，做成独一无二的特调。

主料
牛奶200毫升｜红茶适量

辅料
蜂蜜适量｜白糖1茶匙｜炼乳1汤匙

······· **用对锅做好菜** ·······

煮甜汤的锅和平时炖成汤的锅要分开，奶茶的味道里掺不得一丝丝的异味，最好专锅专用。

烹饪秘籍

锅煮奶茶中含有红茶的茶叶，煮好后可以用滤网过滤出来。如果你想喝冰奶茶，可以将奶茶提前做好，放入冰格中冷冻保存，这样就能随时享用冰冻奶茶了。

做法

1 将红茶放入小汤锅中，加入适量水没过茶叶。

2 大火将红茶煮沸后转小火，煮出茶叶的香气。

3 加入牛奶，继续小火炖煮约3分钟，并不时搅拌防止奶茶溢出。

4 关火，加入白糖、炼乳和蜂蜜调味，搅拌均匀就可以了。

独门蘸料别有风味

私房白斩鸡

⏱ 50分钟　🍽 高级 ▬▬

主料

三黄鸡1/2只

辅料

大葱1段｜姜5片｜盐适量
黄酒2汤匙｜生抽2汤匙
老抽1/2汤匙｜姜蓉1汤匙
小葱葱花1汤匙｜白砂糖少许
香油适量｜熟白芝麻少许

〰〰〰〰〰〰〰　**用对锅做好菜**　〰〰〰〰〰〰〰

白切鸡是整鸡下锅焖煮的，煮鸡时需要水没过鸡身，
因此选用的汤锅需要大小深浅都适宜，如果太浅了，
鸡身还有部分露在外面就不易熟。

做法

1　鸡洗净，控干水分
备用。

2　汤锅中加入能没过鸡
身的冷水，放入黄酒、
姜片、大葱和适量盐大
火煮沸。

3　水沸后下入三黄鸡，
大火煮5分钟，然后用
筷子将鸡翻个身，再煮
5分钟。

4　煮好后盖上锅盖，关
火，将鸡放在锅中闷20
分钟左右。

5　准备一个足够大的
盆，倒入足量冰水。

6　将鸡从锅中捞出，放
入冰水中浸泡5分钟左
右，使鸡皮收缩。

7　在浸泡鸡肉时，另
取一个小碗调制蘸料。
2汤匙原味鸡汤、2汤
匙生抽、半汤匙老抽，
适量香油和少许白砂糖
调匀，再撒入姜蓉、小
葱葱花和熟白芝麻调匀
即可。

8　把冰好的鸡取出沥
干水分，斩成块，摆盘
即可。

烹饪秘籍

用一根长竹签在鸡大腿上肉最厚
的地方扎一下，如果没有红色
的血水流出来，就说明鸡已经
焖熟，可以出锅了。

三黄鸡的肉质细嫩，最适合做白斩鸡。煮鸡的汤也不要浪费，用来下面条最合适不过了。炎炎夏日里不想吃热乎乎的饭菜，白切鸡和过水面让燥热的身心都平静了。

超级酥脆，台湾人气小吃

盐酥鸡

⏰45分钟　🥄中等 ▬▬▬

┉┉┉┉ 用对锅做好菜 ┉┉┉┉

炸盐酥鸡的油可以多一些，鸡肉一块一块地放入锅中，可以避免粘连。视鸡肉量的多少，锅子的大小也要跟着适当调整。

主料

鸡大腿1个

辅料

盐适量｜白胡椒粉适量
料酒1汤匙｜生抽1汤匙
面粉适量｜红薯淀粉适量
五香粉1茶匙｜油300毫升

做法

1　鸡腿剔去骨头，将鸡腿肉切成适宜入口的块。

2　鸡腿肉加入盐、白胡椒粉、料酒、生抽抓匀，腌制20分钟入味。

3　面粉、红薯淀粉和清水按照1：1：2的比例混合均匀，加入少许盐、五香粉搅成糊状。

4　腌好的鸡腿肉放入面糊中，均匀裹上面糊。

5　取一个大盘子，倒入适量地瓜淀粉，把裹好面糊的鸡腿肉再放入淀粉中均匀裹上淀粉。

6　小汤锅加入足量油，油温热后下入鸡块，炸至金黄即可。

烹饪秘籍

做好的盐酥鸡可以蘸椒盐粉、辣椒粉或沙拉酱食用，不同酱料可以撞击出不同的风味，全凭你的喜好。

盐酥鸡是咱们宝岛台湾的常见小吃，有很多摊位待盐酥鸡炸好起锅之前，还会放入罗勒下锅爆香，起锅后撒上胡椒盐、辣椒粉，别提多好吃了。

冬日暖暖的一锅料理

炖羊蝎子

⏱120分钟 🍜高级 ▰▰▰▱▱

主料

羊蝎子500克

辅料

香菜少许 | 大葱1根 | 姜1块
干红辣椒6个 | 生抽2汤匙
老抽1汤匙 | 料酒少许
盐适量

┉┉┉ 用对锅做好菜 ┉┉┉

羊蝎子骨头多，支支楞楞的一大堆，再加上萝卜、豆腐等食材，这时要一个大点的汤锅比较好操作。

做法

1 羊蝎子按关节剁开，用清水浸泡一会儿，再用流动的水清洗干净。

2 大葱切段，姜切片，香菜切成碎末。

3 羊蝎子冷水下入汤锅，大火煮沸后用汤匙撇去浮沫。

4 在汤锅中加入老抽、生抽、料酒、葱段、姜片和干红辣椒，盖上锅盖，转中小火炖1.5小时左右。

5 用筷子戳一戳羊蝎子，如果肉质变得软烂，可以轻易夹下来，就在锅中加入适量盐调味。

6 打开锅盖，转大火将汤汁收得黏稠一些。出锅前撒入香菜就可以享用美食了。

烹饪秘籍

羊蝎子没有事先氽烫去除血水的过程，但成品丝毫不会有异味。同时炖些萝卜、土豆或者豆腐，味道超好，剩下的汤还可以煮面。

羊蝎子其实就是羊的脊椎骨，因形状颇有些像蝎子，所以北京人称它为羊蝎子。一入冬，羊蝎子就像涮羊肉一样变得火爆起来，吃着羊蝎子，冬天就不会冷啦。

无敌的美味，孩子们都爱吃

炸猪排

🕐 40分钟　🥄 中等 ▬▬▭

主料

猪里脊1块｜鸡蛋1个

辅料

面包糠适量｜面粉少许
油300毫升｜黑胡椒粉适量
盐1茶匙｜料酒1汤匙
生抽1汤匙｜老抽1/2汤匙

|||||||| 用对锅做好菜 ||||||||

用小汤锅来炸东西非常好用。小锅的好处就是省油，还能保持较高的油面，让需要炸制的食物可以浸没在油中。

做法

1 猪里脊切成1厘米厚的大片，用刀背反复敲打，使肉质变得松散。

2 敲打好的猪肉用黑胡椒粉、盐、料酒、生抽和老抽按摩一会儿，腌制15分钟入味。

3 鸡蛋在碗中打散，加入少许面粉搅拌成略微黏稠的面糊。

4 腌好的猪里脊放入面糊中，使猪排各个部分都均匀裹满面糊。

5 把猪排从面糊中取出，放入盛有面包糠的盘子中裹满面包糠。用手轻轻按压，使面包糠粘得牢固一些。

6 汤锅加入足量油，要保证猪排能完全浸没在油中。油温升高后放入猪排，中火炸熟定形即可。

烹饪秘籍

炸猪排可以蘸酱油，也可以蘸沙拉酱，这是中式和西式的区别。当然什么都不蘸，空口吃也是极好的。

🔍 炸猪排焦香酥脆。裹着面包糠的猪肉经过油的
滋润，每一口都能带给人极大的满足感。

十里飘香，焦脆难忘

小酥肉

🕐 25分钟　🍲中等 ▰▰▰▱

🔪 小酥肉外焦里嫩，脆脆香香，外皮炸得金黄，里面的肉却不干不柴。不管直接吃还是涮火锅，都恰到好处。

主料
猪里脊肉100克

辅料
盐1茶匙 | 花椒粉1汤匙
红薯淀粉40克 | 鸡蛋1个 | 油适量

▰▰▰▰▰▰ **用对锅做好菜** ▰▰▰▰▰▰

炸小酥肉可以用炒锅，如果做的量没那么大，不如试试小汤锅吧。省油还快手，是主妇的烹饪小秘诀。

做法

1 里脊肉洗净后用厨房纸巾吸干水分。将里脊肉改刀先切成5毫米左右厚的片，再切成约一指宽的条。

2 肉片放入盆中，加入半茶匙盐和半汤匙花椒粉抓匀腌制。

3 另取一个小盆，放入红薯淀粉和鸡蛋，搅拌均匀至顺滑没有疙瘩。

4 当淀粉糊搅拌好、变得浓稠顺滑时，再加入半茶匙盐和半汤匙花椒粉搅拌均匀。

5 把腌好的肉片取出，倒入淀粉糊中，使每一片都均匀挂上一层厚厚的淀粉浆。

6 小汤锅中倒入适量油，烧至六成热时，将挂好浆的肉一片片放入锅中炸至两面金黄即可。

烹饪秘籍

炸好的小酥肉可以煮砂锅或涮火锅，如果想吃干炸酥肉，也可以将小酥肉再下入油锅中复炸一次。

超级酥脆，人人都能成为
天妇罗之神

大虾天妇罗

⏱ 30分钟　🍴 中等 ▰▰▱

主料
大虾6只

辅料
天妇罗粉适量 | 盐少许 | 油适量

〰〰〰〰〰 **用对锅做好菜** 〰〰〰〰〰

炸天妇罗可以用一个小汤锅配一个小漏
勺，每炸完一批食材，就用漏勺将脱落
在锅中的碎渣捞干净，再炸下一批。

🍴 在日式料理中，用面糊裹着炸的菜统称为天妇
罗。天妇罗要求突出原料本身的风味，有着"三分技
术，七分选料"的说法。

做法

1 大虾用水冲洗干净，
去头、去壳，留下小尾
巴的部分。

2 用牙签把虾背部和腹
部的虾线剔除干净。

3 用小刀在虾腹的上中
下三个部位轻划几刀，
不要切断，让虾的身体
尽量伸直。

4 天妇罗粉加入适量清
水，慢慢搅拌成均匀的
面糊，面糊不用太稠，
能流动即可。

5 在虾肉上薄薄撒少许
盐，然后用筷子夹住虾
尾，将虾身放入天妇罗
面糊中裹匀面糊，小尾
巴不需要裹面糊。

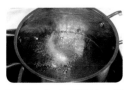

6 锅中加入足量油，将
大虾下入锅中，炸至金
黄上色就可以了。

烹饪秘籍

香油、豆油、花生油都可以制作天妇罗，不过不
同种类的植物油做出来的天妇罗口味会略有偏
差，许多饭店都将香油和色拉油按照2：8的比例
混合使用。

餐前小食垫垫肚子

盐水花生

⏲ 100分钟　🥄简单 ■■

🔍 有朋友来家里聚会小酌时，餐桌上一定少不了盐水花生，它是下酒菜的首选。盐水花生够入味，还含有丰富的蛋白质，保证你吃一次就上瘾。

主料
带壳花生500克

辅料
八角2个｜姜3片｜桂皮1块
花椒少许｜干辣椒2个｜小米辣2个
盐2茶匙｜白糖1汤匙

做法

1　花生洗净泥沙，沥干水分。

2　汤锅加入足量水，放入花生、八角、姜、桂皮、花椒、干辣椒和小米辣。

3　大火煮沸后，加入盐和白糖中小火煮1.5小时。

4　待花生仁变得绵软即可关火，放入冰箱中冰镇一个晚上，口感更佳。

┈┈┈┈┈┈ **用对锅做好菜** ┈┈┈┈┈┈

煮好后可以用煮花生的水继续浸泡花生，让花生更充分地吸收汤汁的味道。放在锅里也行，放在大碗或盆里也行。

烹饪秘籍

如果想要花生煮得更入味，可以在下锅前用手捏开一点开口，或者用刀背轻拍，使花生壳裂开个小缝隙。

日式拉面的绝配

卤溏心蛋

⏱ 20分钟　🍲 简单 ■■■

卤溏心蛋是日本料理中常见的美食，不论是拉面还是饭都会配上半颗溏心蛋。用小锅煮几个溏心蛋，卤了，明早吃面用吧。

主料

鸡蛋6个

辅料

蒸鱼豉油50毫升 | 蚝油1汤匙
蜂蜜1汤匙 | 味酥2汤匙 | 醋1汤匙
盐少许

━━━━━━ **用对锅做好菜** ━━━━━━

煮鸡蛋用不了多大的锅，随便一个小汤锅加上清水就煮吧。把握好时间，别把溏心煮没了就行。

做法

1　汤锅加入足量清水、少许盐和1汤匙醋，搅拌均匀。

2　鸡蛋放入锅中，冷水上锅。水沸后再煮四五分钟。

3　关火后将鸡蛋捞出，放入凉水，浸泡至鸡蛋完全凉透。

4　取一个大碗，加入1小碗清水、蒸鱼豉油、蚝油、蜂蜜和味酥搅拌均匀，做成卤汁。

5　小心地将鸡蛋剥壳，尽量保持鸡蛋的完整。

6　剥好的鸡蛋放入卤汁中，浸泡一夜即可。

烹饪秘籍

制作时可以根据个人喜好，适当缩短和延长煮鸡蛋的时间来调整蛋黄的软硬。

CHAPTER 6

砂锅

- 考古发现早在新石器时期，人们就开始使用砂陶锅烹制食物了。砂锅能够均衡而持久地把外界热能传递给内部原料，形成一个相对平衡的环境温度，有利于水分子与食物的相互渗透，最大限度的释放食物味道。

- 砂锅受材质的影响不能骤冷骤热。加热时要逐渐加温，以免胀裂；烧好食物之后，砂锅离火时也应先使砂锅自然凉凉再清洗，以免缩裂。洗锅时尽量不要打湿锅底，上火时也要尽量确认锅底干燥。

- 新买来的砂锅第一次使用前要先"开锅"处理，开锅时可以加入大半锅淘米水煮沸，或者用新锅来煮粥。米汤中析出的淀粉可以将砂锅表面的微小砂眼堵上，这样可以防止砂锅渗水，以延长使用寿命。砂锅娇气，需要好好呵护哦。

最受欢迎的砂锅菜

粉皮鱼头煲

⏱ 40分钟　🍲中等 ▰▰▱

主料

鱼头1个 | 粉皮1张

辅料

姜4片 | 小葱1根 | 香菜1根
生抽2汤匙 | 老抽1汤匙
盐少许 | 白胡椒粉适量
白糖1茶匙 | 料酒1汤匙
油适量 | 白醋少许

.... **用对锅做好菜** ....

砂锅传热均匀，而且保温性能特别好。砂锅的盖子一盖，鱼头和酱汁都锁在这小小的砂锅之中，经过小火炖煮，实现完美的融合。

做法

1 粉皮用清水泡软，剪成大块。

2 炒锅烧热，倒入适量油，将姜片爆香。

3 放入鱼头后，一面煎至金黄后再翻转煎另一面。

4 烹入料酒、生抽、老抽、白醋、白糖和盐，加入足量清水没过鱼头后，盖上锅盖，大火煮沸后烧5分钟左右。

5 将鱼和汤一起倒入砂锅中，放入粉皮，中小火炖煮10分钟左右。

6 小葱和香菜洗净，切成葱花和香菜碎。粉皮煮软后，撒上葱花、香菜和白胡椒粉即可上桌。

烹饪秘籍

烹饪鱼头时加入白醋，不仅可以去腥提鲜，白醋中的醋酸还可以使鱼肉变得紧致，口感更好。

鱼头味道鲜美，营养价值高，富含人体必需的卵磷脂和不饱和脂肪酸。鱼头粉丝煲味道咸鲜，尤其适合家中老人、儿童食用。

浓郁的东南亚风情

咖喱鲜虾粉丝煲

⏱ 40分钟　🍲 高级 ▰▰▰

━━━━━━━━━ 用对锅做好菜 ━━━━━━━━━

砂锅均匀受热的特性能够让每一条粉丝都在不煳锅的前提下充分吸收咖喱汤汁的味道。

主料

大虾500克 ｜ 粉丝1把 ｜ 洋葱1个

辅料

蒜1头 ｜ 咖喱两三块 ｜ 蚝油1汤匙
橄榄油适量

做法

1　粉丝用温水泡10分钟。蒜切末。

2　大虾洗净后去头、去虾线、剥壳。留虾仁、虾头、虾壳备用。

3　热炒锅内倒入少许橄榄油，将虾头、虾壳倒入锅中大火爆炒。

4　炒至虾壳略焦，倒入适量清水煮开。将虾头、虾壳捞出，汤汁备用。

5　砂锅倒入橄榄油，放洋葱片、蒜末、蚝油爆炒至变色。

6　倒入备好的虾汤，煮开后放入咖喱块，煮至溶化。

7　将剥好的虾仁和泡好的粉丝倒入锅中，再次大火煮开。

8　盖上砂锅盖，小火焖煮5～10分钟，让虾肉和粉丝吸足咖喱的汤汁即可。

烹饪秘籍

掐住虾腹最上节与虾头连接的地方，小心掰断虾头后左右轻拉，就可以在分离虾头虾身的同时扯出虾肠。

一锅浓郁的咖喱鲜虾粉丝煲，不仅刺激食欲，还能让你在享受爽口弹牙的虾肉的同时，补充高质量的蛋白质。

🔍 羊肉蛋白质含量高，脂肪、胆固醇含量低，是上好的肉类食材。冬日里一锅热乎乎的羊肉煲端上桌，是驱散寒气的暖胃利器。

冬日里的能量餐

酱焖羊肉

🕐 70分钟　🍴 中等 ▆▆▆

主料

羊肉500克｜胡萝卜1根

辅料

姜1块｜黄豆酱3汤匙｜白醋2茶匙
料酒2汤匙｜八角2颗｜桂皮1块
香叶2片｜干辣椒2个｜盐适量
油适量

用对锅做好菜

用砂锅小火慢炖，能最大限度地将黄豆酱的醇香融入羊肉的纹理中。砂锅持久的保温能力，让最后一口羊肉也能保持温热。

做法

1 羊肉洗净、切块，冷水下锅，加2茶匙白醋，氽烫至变色，煮出血水备用。

2 胡萝卜洗净，切滚刀块备用；姜切片。

3 砂锅倒油，下姜片、干辣椒、八角焓锅。出香气后倒入羊肉翻炒，将羊肉表面水分炒干，倒入料酒。

4 将黄豆酱和胡萝卜倒入锅内继续翻炒均匀。

5 砂锅内倒入适量开水没过食材，同时放入桂皮和香叶。

6 煮开后盖盖，小火焖煮1小时至羊肉软烂，加盐调味出锅。

烹饪秘籍

羊肉本身有膻味，有的人喜欢，有的人讨厌。氽烫羊肉时加入少量白醋可以去除羊肉的膻味儿，让人更容易接受一些。

142

来自江南的鲜美滋味

笋干老鸭煲

⏱ 90分钟（不含浸泡时间）　🍲 简单 ■■▫

🔍 一锅火候到位的笋干老鸭煲，汤味醇厚浓郁，鸭肉酥而不烂，一口口喝下去，醇厚的老鸭汤中带着鲜嫩笋干的味道，让人好想去江南的春天里走一走。

主料

老鸭1只｜笋干200克

辅料

姜1块｜料酒3汤匙｜香菇6朵
盐适量

用对锅做好菜

对笋干老鸭煲这种需要小火慢炖、细细入味的"功夫菜"来讲，拥有一口合适的砂锅，绝对称得上是烹饪成功的秘密武器。

烹饪秘籍

笋干老鸭汤一定要小火慢炖，长时间炖煮才能让已经脱水晒干的笋干再次复活，逼出笋干特有的鲜香和老鸭醇厚的肉香。

做法

1 老鸭洗净、切块，笋干、香菇冷水泡1小时。

2 姜切片，和鸭肉一起放入砂锅中，倒入料酒，加清水至砂锅最高水位，大火煮开，撇去浮沫。

3 调小火，盖上锅盖，焖煮1小时。

4 加入泡好的笋干和香菇，继续焖煮半小时，出锅前加盐调味即可。

听名字就让人垂涎欲滴

啫啫排骨煲

⏰ 45分钟　🍲 中等 ▊▊▊

主料

排骨500克

辅料

大蒜1头 ┃ 青蒜2根
红烧酱油1汤匙 ┃ 料酒2汤匙
生抽1汤匙 ┃ 盐少许
白芝麻少许

'''''''''' **用对锅做好菜** ''''''''''

啫啫的精髓就在于让食物在高温下迅速吸收酱汁的味道。储热功能极强的砂锅，能瞬间将食材表面烹熟，快速锁住水分，完美呈现啫啫的效果。

做法

1 排骨洗净，沥干水分，用盐、生抽和1汤匙料酒腌制半小时左右，使排骨入味。

2 大蒜剥去外皮，将整头大蒜的蒜瓣全部切成蒜片；青蒜切成段。

3 砂锅底铺满蒜片，并小火加热至半熟。

4 将腌好的排骨放在蒜片上铺平，倒入料酒、红烧酱油和足量清水。

5 最后在上方铺上一层青蒜，大火煮沸后转中火焖煮半小时左右。

6 汤汁收干后，在锅中撒上一把白芝麻就开始享用吧。

烹饪秘籍

想要排骨不煳锅，蒜片的分量一定要够多，或者准备些紫洋葱吧，切成洋葱圈铺在锅底，效果也是一样好。

用啫啫做法做出来的排骨，色泽鲜亮、香味浓郁，是嗜肉食客和宵夜党的大爱，也是宴客席上的颜值担当。

秋风起，食腊味

家庭版腊味煲仔饭

⏱ 40分钟（不含浸泡时间） 🍚 中等 ▬▬▯▯

▨▨▨▨▨▨▨▨▨▨ **用对锅做好菜** ▨▨▨▨▨▨▨▨▨▨

如果说煲仔饭的精髓在于锅巴，那做出火候刚好的香脆锅巴的精髓就在于拥有一口适合的砂锅了。

主料

大米250克 | 腊肠1根 | 腊肉1块

辅料

生抽2汤匙 | 蚝油1汤匙
白砂糖1茶匙 | 橄榄油适量

做法

1 大米提前冷水浸泡1小时。

2 腊肠、腊肉切片备用，可以尽量切得薄一些。

3 将生抽、蚝油、白砂糖调在一起，混合均匀成酱汁。

4 砂锅底部刷橄榄油，倒入泡好的大米，加清水至没过大米一两厘米。

5 大火煮开后盖盖子，转小火继续焖煮。

6 待米饭煮至无水，将切好的腊肠、腊肉片均匀铺在米饭上，盖盖继续焖煮。

7 煮至腊味熟透变色，沿锅边倒入少许橄榄油。继续盖盖煮一两分钟。

8 关火后淋上酱汁搅拌均匀，一锅蒸腾着香气的煲仔饭就出炉啦。

烹饪秘籍

最后沿锅边倒油是煲仔饭起锅巴的关键，有油的浸润，才能生成焦香可口的锅巴。如果不喜欢锅巴可以省略这一步。

腊味不仅具有独特的香味，更富含磷、钾、钠等矿物质元素。一锅香气四溢的腊味饭营养又美味。

CHAPTER
7

汤煲

- 汤煲和砂锅异曲同工，材质和形状都相似。汤煲更大更深一些，因为在煲汤的过程中水分会不断蒸发，中途加水又会影响口感，所以汤煲要够大，便于一次性把水量加足。

- 煲汤的器具除了汤煲，还有瓦罐、隔水炖锅等。可以将食材分别放在一人份的小罐中，斩成小块的食材更容易酥烂。隔水炖的汤不会大滚大开，营养也不容易被破坏。对于工作忙没时间守着炉灶煲汤的上班族来说，电汤煲就更省时省力了。将食材放进炖盅里，加足清水后预约几小时，什么都不用管，就等着喝靓汤吧！

传说中的下奶神助攻

鲫鱼豆腐汤

⏰ 40分钟　🍲 简单 ▰▱▱

｜｜｜｜｜｜ 用对锅做好菜 ｜｜｜｜｜｜

经过砂锅细细慢炖，鱼汤的颜色
从清亮变为奶白。烹饪的乐趣有
时不在结果，而在于享受美味形
成的过程。

主料

鲫鱼1条｜豆腐1块

辅料

姜1块｜香葱两三根｜料酒1汤匙
盐适量｜橄榄油适量

做法

1 鲫鱼清洗干净后用厨房纸拭
干水分备用。

2 豆腐切块，姜切片，香葱洗
净、打结备用。

3 热锅凉油，用姜片炝锅
后，放入鲫鱼煎至两面金黄。

4 锅内倒入清水至没过鱼身
2厘米左右，加入葱结、料
酒，大火煮沸后转小火继续煮
20分钟，至汤色奶白。

5 将豆腐块倒入锅中，转中火
煮10分钟。

6 鱼汤煮好后加入适量盐，搅
拌均匀调味，也可以撒些葱花
点缀。

烹饪秘籍

鲫鱼先煎后煮，不仅可以去掉
鱼腥，而且煎过的鱼也不易被
煮烂。有了油分的滋养，不论
是营养还是味道也都得到大大
提升。

鲫鱼味道鲜美却多刺，适合烹饪成鱼汤食用。鲫鱼豆腐汤有很好的补气、通乳功效。不是产妇当然也能喝，对身体可是大有益处呢。

冬日里的当家菜
白菜豆腐丸子汤
⏰ 30分钟 🍲中等 ▰▰▱

主料
白菜10片 ｜豆腐1块
猪肉末300克 ｜鸡蛋1个

辅料
姜1块 ｜香葱2棵 ｜料酒2汤匙
生抽1汤匙 ｜盐2茶匙
胡椒粉1茶匙

‖‖‖‖‖‖ **用对锅做好菜** ‖‖‖‖‖‖

寒冷的冬日，一锅蒸腾着热气的
白菜豆腐丸子汤出锅。只有连着
砂锅一起端上桌，才能让温暖持
续整整一餐饭。

做法

1 香葱、姜切末，混入肉末
中，再打入1个鸡蛋，放生
抽、料酒、胡椒粉和1茶匙盐
充分混合。

2 将调好的肉馅沿顺时针方向
搅打上劲，即挤压肉馅时不会
散开。

3 将搅打好的肉馅捏成一个个
肉丸。

4 砂锅里放入半锅清水，煮开
后放入肉丸，大火煮至丸子浮
到水面上。

5 豆腐切块、白菜切片，放入
砂锅内继续大火煮5分钟。

6 加入剩余盐、葱花调味即可。

烹饪秘籍

搅打肉馅时要沿一个方向一直搅
拌才容易上劲，煮出的肉丸也
会更有弹性。让家里力气大的
男人来做吧，做饭就是要一家
人参与才有意思呀。

152

北方有句俗话，白菜豆腐保平安。一道白菜豆腐丸子汤是很多北方人的冬日饭桌记忆。白菜和肉丸、美味和温暖，全部融在一起，这就是生活中的烟火气。

驱寒暖胃的担当

胡椒猪肚鸡

⏱ 90分钟　🍲 高级 ■■■■

🔍 胡椒不仅是一剂调味料，更有驱寒暖胃的功能。胡椒猪肚鸡可以帮助体质虚寒、脾胃不健的人驱散体内寒气，暖胃健脾。

主料
鸡1只 | 猪肚1个

辅料
白胡椒粒50克 | 生姜1块
枸杞子10～20粒 | 盐适量

||||||||| **用对锅做好菜** |||||||||

胡椒猪肚鸡当然要用保温性能好的砂锅炖煮，才能衬得上它驱寒的美名。

做法

1 将整只鸡冷水下锅，大火煮沸，煮去血水后捞出备用。

2 将白胡椒粒捣碎，用纱布包好，塞进鸡腹中。

3 猪肚洗净，去掉里外脂肪筋膜。将整只鸡塞进猪肚，用牙签或线封口。

4 将猪肚放入砂锅，加姜片，倒入清水至没过猪肚。

5 开大火煮沸，撇去浮沫后盖上锅盖，转小火炖煮1小时。

6 取出猪肚鸡，将整鸡切块，猪肚切细丝，和枸杞子一起放回锅中，重新加热5～10分钟。放入盐调味即可。

烹饪秘籍

刮去油脂后的猪肚，用盐和小苏打粉反复揉搓后清洗，就能将猪肚处理得干净无异味。胡椒粒只需敲碎即可，不能用胡椒粉代替。

小清新的清补凉
竹荪鸡汤

⏱ 60分钟（不含浸泡时间） 🥄 简单 ▰▰▰

🔍 竹荪是传统的"草八珍"之一，有润肺止咳功效，和鸡肉一起煲制成汤，具有祛火润肺、补气血的功效，尤其适合秋冬季节食用。

主料
鸡半只 | 竹荪50克

辅料
姜1块 | 枸杞子10粒 | 盐适量

用对锅做好菜

炉火上的砂锅咕嘟咕嘟炖煮，溢出的蒸汽也充满生命力，将鸡汤的香气带出，飘满房间，令你每一次呼吸都感觉到幸福。

烹饪秘籍

盐水的浸泡可以去除竹荪的土腥气味，多换几次清水效果更佳。泡好的竹荪洁白如玉，看起来就让人想大快朵颐。

做法

1 竹荪剪去根部后用淡盐水浸泡半小时。

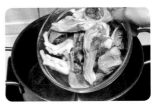

2 鸡肉洗净、切块，冷水下锅煮沸，煮去血水后捞出。

3 姜切片，和焯水后的鸡肉放入砂锅中，加清水至砂锅最高水位，大火煮开后转小火，盖盖焖煮半小时。

4 加入泡好的竹荪和枸杞子，继续小火慢炖半小时，炖好后加盐调味即可。

海的味道你尝过吗

海鲜砂锅粥

⏱ 60分钟（不含浸泡时间） 🍲中等 ▮▮

ⅲⅲⅲ 用对锅做好菜 ⅲⅲⅲ

熬粥是一件需要耐心的事情。只有用陶土做成的汤煲小火慢煨，才能将粥煮得绵密细腻。

主料

大米1量杯 ｜ 鲜虾300克
鱿鱼200克

辅料

香菇3朵 ｜ 干贝10个
香菜末适量 ｜ 姜丝适量
橄榄油1汤匙 ｜ 盐适量
白胡椒粉适量

做法

1 大米提前用冷水浸泡半小时。

2 鲜虾开背去虾线、鱿鱼切丝备用。

3 泡好的大米捞出，沥干水分，加入1汤匙橄榄油搅拌均匀。

4 大米和干贝、香菇倒入砂锅中，加入清水，大火煮沸后转中火焖煮10分钟。

5 约半小时后，待砂锅内粥水变稠，加入备好的鱿鱼、虾和姜丝再煮5分钟。

6 撒入适量的盐、白胡椒粉和香菜末调味即可。

烹饪秘籍

大米下锅前用油搅拌，能有效防止煮制过程中大米粘锅底，粥也会在橄榄油的作用下变得润润的。

大米熬制成绵密细腻的粥底，能充分释放出大米中蕴含的B族维生素。配以海鲜提味，更能补充多种微量元素。一碗粥下去，既暖胃又营养。

CHAPTER 8

铸铁锅

- 现在市面上的珐琅锅分很多种，但大体上无非是材质上的区分，比如铸铁珐琅锅和铸铝珐琅锅。铸铁锅是用生铁锻造，含碳量很高，所以导热和受热比较均匀，相比铸铝锅来讲加热会慢一些，散热也会慢一些，保温性比较好。铸铁锅既可以上明火，也可以进烤箱，煮好后还能连锅端上桌。只要前期养好，后期随着时间的累积，料理中的油会在锅体形成一种保护层，不仅不粘而且越来越温润，展露出特有的岁月属性。铸铁锅可以说是真正能作为传家宝的锅具。

- 在给一个新的铸铁锅开锅时，先将烤箱预热至150℃，在烤箱底部放置一片铝箔，接住滴下来的油渍。在铸铁锅上涂上1汤匙猪油、培根油或者植物油，然后放到烤箱顶层架子上烤10分钟。将锅从烤箱中取出，倒掉多余油分，然后把锅翻过来，再放回烤箱中，烘烤1小时左右。清洗时首先用厨房纸擦掉锅上积攒的油分，然后用抹布蘸洗洁精和热水轻轻擦洗，洗完后立马擦干水分就可以了。

米饭也有不一样的滋味

铸铁锅米饭

⏱ 20分钟（不含浸泡时间） 🍲 简单 ■■□□

|||||||| 用对锅做好菜 ||||||||

这里使用的是直径16厘米的铸铁锅，做出来的饭是3小碗。这个米量如果选择容量再小的铸铁锅，煮饭过程中会有溢出的可能。

主料

大米200克 ｜ 甜玉米1根

辅料

玉米楂60克

做法

1 大米、玉米楂放入淘米盆中清洗干净。

2 向盆中加入没过食材的清水，浸泡30分钟。

3 甜玉米洗净，切下玉米粒。

4 将泡好的大米和玉米楂倒入筛网中控水15分钟。

5 将大米、玉米楂、甜玉米粒放入铸铁锅中。加入190毫升清水。

6 盖上锅盖，开中火煮沸，用时大约3分钟。

7 转小火再煮6分钟左右，关火。

8 静置闷15分钟即可。其间不要打开锅盖。

烹饪秘籍

提前浸泡是非常重要的一步，不要省略，这将直接影响米饭的口感。可以早上洗净，放入冰箱浸泡，下班后直接使用。玉米楂可以用普通玉米楂和黏玉米楂混合使用，增加一点有黏性的食材，米饭会更软糯。

掌握了方法，用铸铁锅焖米饭时间更短一点，米粒也似乎更弹牙。香喷喷的米饭还可以连锅一起端上桌。吃饭这件事也要赏心悦目呀。

西班牙海鲜饭

伊比利亚半岛的味道

⏰ 60分钟　🍲高级 ▰▰▰▱▱

主料

大米300克 | 大虾6~8只
鱿鱼200克 | 青口贝6~8只
西班牙辣肠50克

辅料

番茄1个 | 洋葱1个 | 蒜半头
红甜椒1个 | 欧芹1把
藏红花1克 | 葡萄酒100毫升
高汤适量 | 海盐适量
橄榄油适量

############ 用对锅做好菜 ############

西班牙海鲜饭一般都用大而浅的锅，像盘子一样将食材平铺开来。将高颜值的铸铁锅和海鲜饭一起端上桌，更是赏心悦目，颜值蹭蹭涨哦。

做法

1 番茄去皮、切丁，洋葱、甜椒、欧芹、蒜全部切丁备用。

2 虾开背去虾线，青口、鱿鱼洗净，辣肠切片，大米淘好洗净备用。

3 铸铁锅烧热，放橄榄油，依次放入洋葱、蒜、欧芹、甜椒、番茄，炒至番茄出汁。

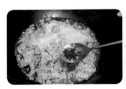

4 把淘好的大米和藏红花一起倒入锅内继续炒2分钟。

5 倒入葡萄酒，铺上辣肠片，转小火炖煮。

6 待酒气挥发后，倒入高汤至没过食材表面。

7 继续小火煮20分钟左右，至汤汁被米粒逐渐吸收，过程中不要翻动。

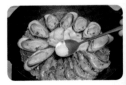

8 将处理好的海鲜铺在锅内的米饭上，根据个人口味撒上适量海盐，盖上盖子焖煮10分钟左右，待海鲜变色全熟即可。

烹饪秘籍

正宗的西班牙海鲜饭要避免将米饭煮得软烂，保留一点"夹生"的咬劲才好。如果肠胃不好，担心不好消化，可酌情适当延长烹饪时间，"改良"一下也无妨。

西班牙海鲜饭与法国蜗牛、意大利面并称西餐三大名菜。它卖相绝佳、味道鲜美，是家宴上能够艳惊四座的压轴之作。

简单方便的快手餐
汤泡饭

🕐 10分钟　　🍴 简单 ■■□□

📎 家里的剩饭也能变废为宝。底料可以是龙虾，可以是青菜肉丝蘑菇，丰俭由人。随意搭配都能做出一锅美味的冬日美食。

主料
剩饭两三碗 | 猪瘦肉100克
青菜1把 | 香菇两三朵

辅料
盐少许 | 橄榄油少许

做法

1 猪瘦肉切丝，香菇提前泡好后切丝。

2 铸铁锅烧热，放少许橄榄油，下瘦肉炒至变色。

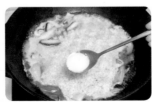

3 继续放入香菇、青菜炒熟。加入清水大火煮沸。

4 放入剩饭，再次煮沸后关火，加盐调味即可。

用对锅做好菜

烫嘴的汤泡饭，分分钟驱散冬日寒气。而一口好的铸铁锅，是留住这股子烫劲儿的好帮手。

烹饪秘籍

放入米饭后煮沸时间不要太久，泡饭和粥的差别就在一念之间。只要稍微一加热，就立即关火出锅吧！

新鲜食材简单做

无水葱姜焗蟹

🕐 20分钟　🥄 中等

🥄 葱姜焗蟹是广东大排档里的热门菜肴。它做法简洁，没有过多的调味料，保留了食材的原汁原味，是考验海鲜是否新鲜的极佳方法。

主料

螃蟹2只

辅料

姜1块｜大葱2棵｜料酒3汤匙

蚝油1汤匙｜淀粉少许｜盐少许

油适量

||||||||||||||||　用对锅做好菜　||||||||||||||||

海鲜壳多肉少，锅的直径要够大才行。利用大口径铸铁锅的密封性，改蒸为焗，令蟹的鲜香发挥得酣畅淋漓。

做法

1 螃蟹去鳃、洗净，斩成块，蟹钳用刀背拍裂。

2 在装螃蟹的容器中倒入1汤匙料酒搅拌均匀，腌渍10分钟去腥。

3 腌好的螃蟹滚上淀粉，切口处尤其要多沾一些淀粉。

4 姜切片，葱切段。

5 铸铁锅烧热放油，螃蟹下锅爆炒至变色后盛出。

6 铸铁锅底铺满姜片、葱段，把蟹放在葱姜上，淋入蚝油、剩余料酒，盖上盖子，小火焗3~5分钟，出锅前放少许盐调味即可。

🥄 烹饪秘籍

如有蟹膏、蟹黄，可以单独取出，在蟹下锅前先炒制蟹膏蟹黄，做出的蟹味道更鲜美，色泽也更黄亮。

深夜食堂版

酒烹蛤蜊

⏱ 10分钟　🍲 简单 ▬▬▭

🔖 蛤蜊富含蛋白质和铁、钙，而且热量低，是很好的低脂高营养食材。酒烹蛤蜊的做法，简单几步就将蛤蜊的鲜嫩、酒的清新、黄油的醇香完美呈现出来。

主料
蛤蜊500克｜清酒50毫升

辅料
蒜2瓣｜干辣椒2个｜黄油10克
生抽2茶匙｜欧芹2根｜橄榄油少许
淡盐水适量

做法

1　蛤蜊泡入淡盐水中吐净泥沙，再将外壳洗净备用。

2　铸铁锅烧热，放少许橄榄油，下蒜瓣、干辣椒爆香。

3　蛤蜊倒入锅内，加入清酒，盖上锅盖焖煮。

4　焖到蛤蜊开口，再加一点黄油、生抽、欧芹碎，略煮即可食用。

••••••••••• **用对锅做好菜** •••••••••••

酒烹蛤蜊倒不是一道非用铸铁锅不可的菜。不过要是用铸铁锅来做这道菜，连锅一起端上桌，小海鲜也显得美艳起来。

烹饪秘籍

如果家里没有清酒，可以用白酒、米酒替代。再不济，料酒总有吧，烹上一点酒，那滋味可是完全不同了。

入口即化的胶原蛋白
芸豆炖猪脚

⏱ 80分钟（不含浸泡时间） 🥘中等 ▬▬▬

🔍 猪脚富含胶原蛋白，是美容养颜的佳品；芸豆润肺补气。二者一起煲汤，食疗效果倍增，让你吃出好肌肤。

主料
猪脚500克｜芸豆200克

辅料
姜片3~5片｜盐适量

用对锅做好菜

炖一锅奶白色的猪脚汤，除了小火慢煨，没有别的诀窍。铸铁锅导热好、保温效果强，避免了猪脚汤没喝几口就变冷油腻的尴尬。

烹饪秘籍

猪脚上毛多且沟沟壑壑的不容易刮干净，可以用大的夹子夹住猪脚，然后在煤气灶上用火烧一烧，将残留的猪毛烧干净。

做法

1 猪脚拔毛、切块，处理干净；芸豆提前1小时泡水，备用。

2 将干净猪脚冷水下锅煮沸，煮出血水，撇去浮沫。

3 铸铁锅加2/3锅清水煮沸，将余水的猪脚、泡好的芸豆和姜片一起放入锅中。

4 大火再次煮沸后盖盖，转小火慢炖1小时，至猪脚软烂、汤色奶白，开盖，加盐调味即可。

超霸气的一锅

百叶结鸡蛋红烧肉

⏱90分钟 🍽中等 ▰▰▰▱▱

主料

猪五花肉500克 | 百叶结200克
鸡蛋3~5个

辅料

姜1块 | 大葱1棵 | 八角1粒
香叶2片 | 生抽5汤匙
老抽1汤匙 | 料酒3汤匙
冰糖50克

━━━━━━━━━━ **用对锅做好菜** ━━━━━━━━━━

铸铁锅与红烧肉是相互成就的存在。铸铁锅受热均匀，保证了每一块肉都能充分地吸收汁水，而红烧肉的高脂肪也在无形中养护了铸铁锅。

做法

1 五花肉切麻将块，葱姜切段，百叶结用温水浸泡备用。

2 铸铁锅烧热，将五花肉放入锅中小火煎至表面金黄，逼出肉内油脂。

3 夹出锅内五花肉，留油在锅内，放入冰糖炒糖色。炒至糖融化，颜色微黄即可。

4 将五花肉倒回锅内，均匀上糖色。

5 锅内继续放葱、姜、生抽、老抽、料酒、八角、香叶炒出香味。

6 倒入适量开水至没过五花肉，再次煮开后调小火，盖盖煮半小时。

7 此时另起一锅煮鸡蛋，煮好后剥去蛋壳备用。

8 半小时后将泡好的百叶结和鸡蛋放入铸铁锅中，继续炖卤半小时即可。

烹饪秘籍

炖肉要想酥软，一定要用热水！冷水会让肉质收缩发紧，不能够入口即化。

红烧肉是中国家庭餐桌上重口味的菜肴担当，相信每家都有自己的独门秘方。一份有灵魂的红烧肉，就是让人最怀念的家的味道。

一口咖喱，一口米饭，绝了

咖喱牛肉

⏰30分钟　🍽中等 ▬▬▭

主料

牛肉200克 ｜ 土豆1个 ｜ 胡萝卜1个
洋葱半个

辅料

咖喱块一两块 ｜ 椰浆1汤匙
橄榄油少许

⎯⎯⎯⎯⎯⎯ 用对锅做好菜 ⎯⎯⎯⎯⎯⎯

关火后，铸铁锅盖盖，闷上一会儿再开吃，能让根茎类食材在密闭的环境中更好地吸收咖喱汁的味道。

做法

1　牛肉切块，土豆、胡萝卜切块，洋葱切丝，备用。

2　铸铁锅加热，倒入少许橄榄油，下洋葱丝炒香。

3　牛肉块倒入锅中炒至变色。

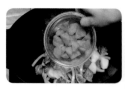

4　下土豆块、胡萝卜块翻炒至表面微焦。

5　加入适量清水至没过食材表面，大火煮沸。

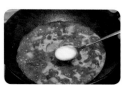

6　开锅后转小火，放入咖喱块，搅拌至溶化，再加入1汤匙椰浆拌匀。

7　收汤汁至浓稠，过程中需不断搅拌以防煳底。

8　铸铁锅关火后闷上10～15分钟，开锅即可食用。

烹饪秘籍

好吃的咖喱一定要是浓稠的，不能清汤寡水的。只需在咖喱汁中加入1汤匙神秘的椰浆，就能让咖喱炖菜变得更好吃！

咖喱风味独特，是很多人的心头好，即便是快餐厅也常常把咖喱作为招牌菜搭配米饭。用咖喱烹饪牛肉，在满足味蕾的同时，也能补充优质蛋白质，营养和美味一个都不能少。

意大利面的灵魂所在

意式牛肉酱

⏱ 90分钟　🍲 高级 ▬▬

主料

牛肉末500克 ｜ 番茄两三个
洋葱半个 ｜ 胡萝卜1根
欧芹1把

辅料

红酒50毫升 ｜ 百里香碎3~5克
黑胡椒碎适量 ｜ 橄榄油少许

########## **用对锅做好菜** ##########

密闭的铸铁锅让蔬菜汁蒸腾出的
气体在锅内不断循环，气体凝结
成液体，再与肉酱同煮，蒸腾出
新的气体，如此循环往复，让肉
香和菜香完美融合。

做法

1 洋葱、胡萝卜、欧芹切
丁，番茄用热水烫后去皮、
切丁。

2 铸铁锅放少许橄榄油，放入
牛肉末煸炒，炒至牛肉变色，
倒入红酒。

3 依次放入洋葱碎、胡萝卜
碎、欧芹碎翻炒至食材变软。

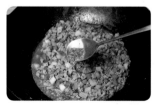

4 撒入百里香碎，炒到香料的
冲鼻味散去。

5 倒入番茄丁继续翻炒，炒至
番茄出红汤。

6 撒入黑胡椒碎，开小火慢慢
熬煮至少1小时，一直炖到析
出番茄和牛肉的红油来即可。

烹饪秘籍

熬制牛肉酱的时候千万不要
额外放水，只有将蔬菜中自
有的汁水慢慢熬出来变成
酱，味道才更香醇浓郁。

番茄肉酱意面是最深入人心的意式美食。熬一锅泛着红油的番茄牛肉酱，是一个合格意餐大厨的必备本领，也是一碗意面的灵魂所在。

浓浓的异域风情

罗宋汤

⏱ 90分钟　🍲中等 ▬▬▭

主料

牛腩100克 ｜ 土豆1个
胡萝卜1根 ｜ 圆白菜半棵
洋葱1个 ｜ 番茄1个

辅料

番茄酱100克 ｜ 黄油10克
盐适量 ｜ 罗勒碎少许

━━━━━━━━ **用对锅做好菜** ━━━━━━━━

铸铁锅的保温性和密闭性好，小火慢炖就能将土豆和胡萝卜煮得绵绵软软，入口即化。铸铁锅能让食材成就为一锅大人小孩都喜欢的汤。

做法

1 牛腩洗净、切块，冷水入锅，煮沸后撇去浮沫，继续炖煮1小时。

2 土豆、胡萝卜、洋葱、番茄、圆白菜切块备用。

3 铸铁锅中放黄油，放入洋葱炒软。

4 将土豆、胡萝卜、圆白菜倒入锅中继续翻炒至变色。

5 继续放入番茄翻炒至出红汤。

6 将炖煮后的牛腩连肉带汤一起倒入铸铁锅中，倒入番茄酱和适量盐。

7 搅拌均匀后小火炖煮至土豆软烂。

8 出锅后可加入少许罗勒碎，口味更地道。

烹饪秘籍

罗宋汤的精髓在于浓稠，所以土豆一定要煮至软烂，让土豆淀粉融化在汤水里，做出的罗宋汤浓浓的，喝起来口感醇厚，才更有感觉。

罗宋汤是发源于乌克兰的一种浓菜汤，酸中带甜，甜中飘香。它不仅味道酸甜可口，更有驱寒养颜、补充维生素C的功效。

CHAPTER
9

高压锅

- 如果你是肉食爱好者，那不要犹豫，入手一只高压锅吧。猪脚、牛腱子这些不容易炖熟的肉，只要有了高压锅就可以提高炖煮效率。本来要炖上2小时的牛腱子，现在不到20分钟就酥烂了，省时又省力。但要特别注意的是，使用高压锅烹饪食物时，食材不要放得太满，要给锅的容积留点余地。否则食材受热受压膨胀，会引起安全问题。

- 传统的高压锅操作复杂，安全系数相对较低，加压放气的过程总是让人头大。以至于有些人每次听到传统高压锅嘶嘶冒气的声音就会坐立不安。电压力锅的发明彻底解决了压力锅的安全问题。电压力锅是传统高压锅的升级版，它没有繁杂的功能，操作简单，老年人也能轻易操作。只要将食材放入锅中，根据食物类型设置好烹饪时间，电压力锅就会自动完成接下来的工作了。

童年记忆里的味道
甜品花生汤

⏱ 40分钟（不含浸泡时间） 🥄 简单 ■■■

🔍 花生营养价值丰富，不仅可以降低胆固醇，预防心脑血管疾病，还可以促进大脑发育、增强记忆力，是老少咸宜的平价坚果。

主料
花生仁500克

辅料
蛋清1个｜白砂糖适量

做法

1 将花生仁洗净后泡水半小时。

2 泡过水的花生仁用手工剥去红衣，并将花生仁掰开。

3 剥好的花生仁放入高压锅中，倒入2升清水，开始压煮。水开后转小火压制30分钟。

4 起锅后趁着余热倒入蛋清搅拌，再依口味加入白砂糖即可。

用对锅做好菜

花生仁硬实饱满，不易煮烂，而花生汤需要把花生仁煮得口感绵软为佳。高压锅可以节省炖煮时间，达到事半功倍的效果。

烹饪秘籍

花生仁的红衣有损口感，最好剥掉不要。浸泡过的花生仁可以轻易剥去红衣，用开水浸泡效果更好。

孩子喜爱的下饭菜
番茄青鱼

⏱ 40分钟　🍴中等 ▓▓▓

🔍 青鱼不仅含有丰富的蛋白质、脂肪，还含丰富的硒、碘等微量元素和DHA，尤其适合生长发育期的青少年食用。

主料

青鱼4条 | 番茄2个

辅料

大葱1棵 | 姜1块 | 番茄酱200克
白糖50克 | 料酒2汤匙 | 盐2茶匙
橄榄油1汤匙 | 面粉适量

用对锅做好菜

经过高压锅的焖煮，青鱼的鱼刺变软，省去了费力挑刺的过程，直接大口吃肉，不用担心卡到喉咙了。

做法

1 青鱼洗净、切段，裹薄薄一层面粉备用。

2 番茄底部切十字刀，焯热水后去皮、切丁备用。

3 平底锅烧热，倒入橄榄油，将备好的青鱼块放入锅中，煎至两面金黄，盛出备用。

4 将番茄丁、番茄酱、葱段、姜块、白糖、盐、料酒倒入煎过鱼的锅中翻炒至出红汤，加入清水，煮沸后关火。

5 将煎好的青鱼块放入高压锅，同时倒入炒好的番茄汁，没过鱼块。

6 盖上锅盖焖煮，上汽后继续焖煮25分钟即可。

烹饪秘籍

青鱼入锅煎前，用手在鱼肉上裹上一层薄薄的面粉，拍匀后再下入锅中，就可以避免粘锅。

品味原汁原味的海鲜

高压锅生蚝

⏱ 10分钟　🍽 简单 ▧

🔍 生蚝不仅味道鲜美，更有很高的营养价值。它含有大量的锌元素，是男性补充能量的佳选。

主料
新鲜生蚝1打（12个）

辅料
生姜1块｜蒜3瓣｜小米辣2个
香菜2根｜酱油少许

做法

1 新鲜生蚝买回后用清水洗净备用。

2 生姜切片，平铺在高压锅底部，把洗净的生蚝平铺在姜片上。

3 盖上高压锅，开火，至高压锅上汽后30秒钟关掉，新鲜肥美的生蚝就可以出锅啦。

4 调蘸料：蒜、香菜、小米辣剁碎放入碟中，倒入少许酱油即可。

〰〰〰〰 **用对锅做好菜** 〰〰〰〰

高压锅短时间内凝聚的高温高压可迅速将生蚝蒸熟，既保证了蚝肉的新鲜程度，又锁住了生蚝的原汁原味。

烹饪秘籍

高压锅上汽后，时间要严格控制在30秒钟。稍不留神煮久了，蚝肉就会缩水，肉质鲜嫩度会大打折扣。

快手又美味的硬菜

炖牛肉

🕐 40分钟　🍳 中等 ▬▬

主料

牛腩肉500克

辅料

大葱1棵｜姜1块｜蚝油2汤匙
十三香2茶匙｜生抽2汤匙
老抽1汤匙｜料酒3汤匙
冰糖3~5块｜八角2粒｜油少许

用对锅做好菜

高压锅密封高压的环境能够让牛肉在短时间内软烂。有了高压锅帮忙，厨艺小白也能轻松做出一份软糯的炖牛肉。

🥄 牛肉是优质的蛋白质来源，富含肌氨酸，尤其适合长身体的小孩子和有增肌减脂需求的人群食用。炖上一锅牛肉，一顿吃不完，还可以留着下顿做牛肉面哦。

做法

1　牛腩肉切块，备好葱段、姜片及调味料。

2　牛肉冷水下锅，煮至水开，焯烫去血水。

3　烫好的牛肉捞出，加入辅料中除了油以外的全部调味料，搅拌均匀。

4　平底锅倒入少许油热锅，将搅拌好的牛肉小火煎至两面金黄。

5　煎好的牛肉放进高压锅，锅内倒入白开水，没过牛肉两三厘米。

6　高压锅开锅上汽后炖30分钟，香气四溢、口感软糯的炖牛肉就出锅啦。

烹饪秘籍

在高压锅内加入开水，是保证牛肉肉质松软的关键，冷水会使牛肉缩紧，影响口感。

养颜开胃又低脂

番茄牛尾汤

⏱ 60分钟　🍲 高级 ▬▬

主料

牛尾500克 | 番茄4个

辅料

大葱1棵 | 姜1块 | 八角2粒
香叶3片 | 料酒2汤匙
生抽2汤匙 | 盐1茶匙
白糖2茶匙 | 番茄酱2汤匙

用对锅做好菜

高压锅版的番茄牛尾汤，能够迅速地将不易煮烂的牛尾烹制得香酥软糯，也能让牛尾更充分地融合番茄的鲜美。

做法

1 牛尾洗净、切段，和两三片姜一起冷水入锅，大火烧开后再煮5分钟去血水。

2 将余烫好的牛尾捞出备用，锅内的牛尾汤撇去浮沫备用。

3 将牛尾、葱段、姜块、八角、香叶放入高压锅，倒入牛尾汤没过牛尾。

4 继续向高压锅内倒入料酒、生抽、白糖，盖上盖子压炖30分钟。

5 高压锅煮牛尾的同时，将2个番茄带皮切块备用。

6 另外2个番茄过热水余烫后去皮、切丁。

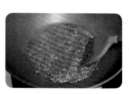

7 把切丁的番茄和番茄酱一起倒入炒锅翻炒，炒至番茄出红汤。

8 把炒制后的番茄酱和备好的番茄块一起倒入高压锅中，再继续压炖10～15分钟，放入盐调味即可。

烹饪秘籍

单纯的番茄总好像少了那么一些滋味。将番茄和番茄酱一起翻炒出汁，两者能很好地融合在一起，更大限度地释放番茄的鲜甜。

番茄富含多种维生素，可以保护心血管。其特有的番茄红素还能清除自由基，经常食用可以延缓衰老、美白养颜。牛尾补气、养血、强筋骨，尤其适合儿童和老人食用。

满满的胶原蛋白

糖醋猪脚姜

⏰60分钟　🍚高级 ▬▬▬▬

―――――― **用对锅做好菜** ――――――

猪脚属于蹄筋类食材，需要长时间炖煮才能变得软糯。有了高压锅，猪脚能在短时间煮得入口即化，再也不用担心费时费力却煮出一锅咬不动的黑暗料理了。

主料

猪脚1000克｜鸡蛋10个

辅料

老姜500克｜700毫升甜醋2瓶
冰糖50克｜清水适量

做法

1　将猪脚清洗干净，剁成掌心大小的小块。

2　猪脚冷水入锅，煮沸去血水，捞出后用冷水清洗掉浮沫备用。

3　鸡蛋冷水入锅煮熟，将熟鸡蛋剥壳备用。

4　姜洗净、去皮、切块，将切好的姜块用刀背拍扁。

5　将炒锅烧热，姜块放入热锅炒干水分备用。

6　把备好的猪脚、鸡蛋、姜块和甜醋、冰糖一起放入高压锅，压煮40分钟即可。甜醋需没过食材两三厘米，如未达到，需加入适量清水。

烹饪秘籍

提前煸炒姜块去掉水分，可以使姜块在炖煮的时候更充分地释放辛辣芳香。

🔖 猪脚姜是广东传统名菜，不仅味道酸甜可口，更有美容养颜、驱寒暖身、增强体质、预防感冒的功效，尤其适合产后身体虚弱的女性食用。

冬日里的暖胃餐

清炖排骨面

⏱ 20分钟　🍲 中等 ▰▰▰▱▱

主料

排骨500克｜面条200克

辅料

大葱1棵｜姜1块｜八角1粒
香叶2片｜料酒1汤匙
盐1茶匙｜葱花少许

━━━━━━━━ **用对锅做好菜** ━━━━━━━━

用高压锅清炖排骨，既能最大限度保留排骨的肉香，又能锁住排骨的营养成分。

做法

1 排骨洗净，冷水入锅。锅中同时放入两三片姜和料酒。

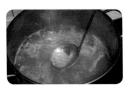

2 锅中排骨煮至水开，余烫去血水，撇去浮沫。

3 将葱切段、姜切片，八角、香叶洗净，一起铺在高压锅底。

4 余烫好的排骨捞出，放在铺好的配料上，锅内倒入热水，没过排骨2厘米。

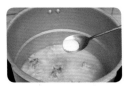

5 高压锅压炖10分钟，炖好后撒入1茶匙盐搅匀。

6 炖排骨的同时另起一口锅煮面。

7 面条煮好后盛出，摆上排骨，淋上炖好的骨汤，撒些葱花点缀一下，就可以开吃啦。

8 剩余的排骨和汤盛入大碗中密封好，留作高汤，可以把美味延续到下一顿哦。

烹饪秘籍

盐一定要等到排骨汤炖好后再放。炖煮时就放盐，会导致排骨的蛋白质凝固，影响口感，也会导致汤色发暗。

排骨含有丰富的磷酸钙，且肉香浓郁，为人体提供优质钙质的同时也能让人大快朵颐。看似简单的一碗清炖排骨面，既补充了营养，又满足了味蕾。

减脂抗糖的健康餐

粗粮饭

⏱ 40分钟（不含浸泡时间）　🍜 简单 ■■■□□

🥄 粗粮营养丰富，含有较多的膳食纤维，可降糖降脂、减肥通便。

主料

黑米30克｜小米30克｜燕麦20克
糙米20克｜藜麦10克｜大米80克

做法

1　将除大米、小米外的其他粗粮放入凉水中浸泡2小时。

2　将泡好的粗粮和大米、小米一起放入高压锅中，加纯净水至没过米一指高。

3　盖上高压锅后开大火煮至排汽，转小火煮30分钟。

4　关火后不要急着开锅盖，排汽后再闷10分钟，这样做出来的米饭更香软。

用对锅做好菜

粗粮不易熟，硬邦邦的豆饭口感不好还不易消化。高压锅功能强大，再硬的豆子都能煮得软烂，营养丰富、口感棒。

烹饪秘籍

粗粮的种类不限于以上列出的，还可以选择燕麦、红豆、薏米等各类食材搭配，补充不同营养成分。家里有什么，就配些什么吧。

端午节的传统美食

煮粽子

⏱30分钟　🍴简单 ■■□

🔍 粽子作为端午节的传统美食，除了独特的粽香清新可口，更承担着每个中国人对端午节的独特记忆与情怀。

主料

粽子若干

辅料

粽叶适量 | 大石块1块

------- **用对锅做好菜** -------

有了高压锅，再也不用为煮粽子熬夜了。不仅节省了时间，也减少了长时间水煮导致的营养流失。

做法

1　在高压锅底铺上一层粽子叶。

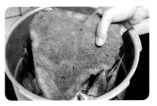

2　将粽子整齐码放在高压锅中，用干净的大石块等重物压住。

烹饪秘籍

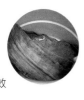

高压锅底铺粽叶，煮出的粽子香味更加浓郁，也不易糊锅。粽子上压上重物，能有效防止粽子跑米。

3　向锅内注入清水至没过粽子5厘米，但不要超过高压锅容积的2/3，以防爆锅。

4　盖上锅盖开煮，待高压锅上汽后继续煮20分钟关火即可。

吃出健康系列

沙拉花园

能量果蔬汁

营养辅食轻松做

好喝的粥

减脂轻食

蔬果沙拉

粗粮细做

像营养师一样吃晚餐

像好厨一样吃早餐

滋补靓汤

主食沙拉

一煲好汤

碗好粥

元气素食

低卡饱腹健康餐

多吃蔬菜身体好

沙拉与果蔬汁

轻食沙拉纤体瘦身

24节气养生餐

沙拉与三明治

无烟小油轻食料理

减脂健康餐

诱人的减脂料理

0-3岁宝宝营养辅食全攻略

广式滋补靓汤

0-7岁聪明宝宝餐

给孩子吃的快手营养早餐

0-12岁孩子成长餐

手作健康零食

怀孕期营养食谱

汤汤水水滋养全家

汤水之爱

月子期营养食谱

懒人下厨房系列

西餐轻松做

懒人快手营养早餐

懒人下面条　花样烤箱料理　懒人健康菜　烤着吃才香　烤箱轻食　懒人快手做一餐

家常美食系列

米饭爱小炒　好汤好菜　意面和比萨　不可一日无肉　零失败家常菜

回家吃饭　一碗好酱一桌好菜　蒸炖煮一本全　鱼我所欲也　原汁原味好吃蒸菜　清粥小菜　麻辣鲜香馋嘴川菜　花样主食

晚餐请吃七分饱　午餐　爱吃馅　在家吃火锅　面包上的100种早餐　果汁果酱　炒饭炒面　缤纷饮品

图书在版编目（CIP）数据

萨巴厨房. 厨房必备锅具，用对锅做好菜 / 萨巴蒂娜
主编. —北京：中国轻工业出版社，2020.5
ISBN 978-7-5184-2934-9

Ⅰ.①萨… Ⅱ.①萨… Ⅲ.①菜谱 Ⅳ.① TS972.12

中国版本图书馆 CIP 数据核字（2020）第 041152 号

责任编辑：高惠京

策划编辑：龙志丹　　责任终审：劳国强　　版式设计：锋尚设计
封面设计：王超男　　责任校对：李　靖　　责任监印：张京华

出版发行：中国轻工业出版社（北京东长安街6号，邮编：100740）
印　　刷：北京博海升彩色印刷有限公司
经　　销：各地新华书店
版　　次：2020年5月第1版第1次印刷
开　　本：710×1000　1/16　印张：12
字　　数：200千字
书　　号：ISBN 978-7-5184-2934-9　定价：49.80元
邮购电话：010-65241695
发行电话：010-85119835　传真：85113293
网　　址：http://www.chlip.com.cn
Email：club@chlip.com.cn
如发现图书残缺请与我社邮购联系调换
190533S1X101ZBW